# 中国贸易隐含大气污染转移与环境不公平

## Virtual Air Pollution Transfer and Environmental Inequalities in China

张 伟 著

U0230189

中国环境出版集团·北京

图书在版编目（CIP）数据

中国贸易隐含大气污染转移与环境不公平/张伟著.
—北京：中国环境出版集团，2018.10
ISBN 978-7-5111-3728-9

Ⅰ．①中⋯　Ⅱ．①张⋯　Ⅲ．①大气污染物—排污
量—研究—中国　Ⅳ．①X51

中国版本图书馆 CIP 数据核字（2018）第 159825 号

出 版 人　武德凯
责任编辑　葛　莉　张维平
责任校对　任　丽
封面设计　宋　瑞

出版发行　中国环境出版集团
　　　　　（100062　北京市东城区广渠门内大街 16 号）
　　　　　网　　　址：http://www.cesp.com.cn
　　　　　电子邮箱：bjgl@cesp.com.cn
　　　　　联系电话：010-67112765（编辑管理部）
　　　　　发行热线：010-67125803，010-67113405（传真）
印　　刷　北京中科印刷有限公司
经　　销　各地新华书店
版　　次　2018 年 10 月第 1 版
印　　次　2018 年 10 月第 1 次印刷
开　　本　787×960　1/16
印　　张　14
字　　数　190 千字
定　　价　65.00 元

# 缩写词与符号

| 符号<br>缩写词 | 英文全名 | 中文说明 |
|---|---|---|
| MRIO | multi-regional input-output | 多区域投入产出模型 |
| APE | atmospheric pollutant equivalents | 大气污染排放当量 |
| GDP | gross domestic product | 地区生产总值 |
| $SO_2$ | sulfur dioxide | 二氧化硫 |
| $NO_x$ | nitrogen oxides | 氮氧化物 |
| PM | particulate matter | 颗粒物 |
| $PM_{10}$ | inhalable particles | 可吸入颗粒物 |
| $PM_{2.5}$ | fine particular matters | 细颗粒物 |
| TSP | total suspended particulates | 总悬浮物 |
| VOCs | volatile organic compounds | 挥发性有机污染物 |
| GHG | greenhouse gas | 温室气体 |
| EUE | ecologically unequal exchange | 生态不平等交换 |
| FCPSC | first China pollution source census | 第一次污染源普查数据库 |
| CES | China environmental statistics | 中国环境统计数据库 |
| REI | regional environmental inequalities | 区域不公平指数 |
| $m^3$ | stere | 立方米 |
| μg | microgram | 微克 |
| g | gram | 克 |
| kg | Kilogram | 千克 |
| Mg | Megagram | 兆克（等于吨） |
| Gg | Gigagram | 十亿克（等于千吨） |
| Tg | Teragram | 兆兆克（等于百万吨） |

# 前　言

　　跨区域贸易不仅是交换商品，同样也隐含着跨区域的污染转移。在中国区域经济发展差异和区域性大气污染特征的背景下，量化评估区域间分工协作和贸易过程存在的环境成本与经济收益不对等关系，是构建区域大气环境治理责任分担机制的重要内容。本书基于生态不平等交换理论和多区域投入产出模型，在编制中国 2012 年大气污染物（$SO_2$、$NO_x$ 和颗粒物）排放清单的基础上，分别从生产端和消费端测算了我国各省份出口和跨省贸易导致的大气污染排放当量（APE）和经济收益（GDP），进而构建多种环境不公平指数表征上述不对等关系。

　　首先，本书针对省际间贸易，分别从生产端和消费端测算由于各省份在消费本地和其他省份的最终产品过程中承担的大气污染排放和经济收益，并针对净转移构建环境公平性指数（REI）表征大气污染物净转移和 GDP 净转移的不对称关系。研究结果显示，在由京津、东部沿海、南部沿海等发达区域消费驱动的大气污染排放中，有 62%～76%是实际排放在其他欠发达区域；然而，上述发达省份消费带动的增加值中有 70%留在了发达地区。从净转移角度来看，部分东部发达地区（如北京、天津、江苏、上海）将大气污染通过省际贸易间接转移到欠发达区域，但由于其自身具备的产业梯度优势，在将大气污染转移出去的同时反而在贸易中获得了经济净收益。而位于西部偏远省份（如贵州、云南、宁夏等）在承接发达地区的大气污染转移过程中，由于产业劣势，在贸易过程中本地获得的经济收益要小于带动其他地区的经济收益，也就是说经济净收益为负。

其次，本书估算了各省份通过全国跨区域产业链在生产本地出口产品和为外地出口商品提供中间产品过程中获得的大气污染排放和 GDP，并构建环境不公平指数（AG）评估了各地区和省份获得的大气污染排放和增加值在份额上的不对等。结果显示，中国沿海发达区域（东部沿海、南部沿海和京津区域）在中国及各省份出口过程中获得了 56% 左右的 GDP 收益，然而上述区域仅承担了 28% 的全国出口导致的大气污染排放。从单位成本来看，上述发达区域每获得 1 元出口隐含的 GDP 收益仅需要本地承担 0.4~0.6 g 的大气污染排放，而中部和西部欠发达区域则需要本地承担 1.7~3.2 g 的大气污染排放，为发达区域的 4~8 倍。沿海发达地区获得的经济收益份额要明显大于其最终承担的大气污染排放份额，而其他欠发达地区获得的经济收益份额则要明显小于其最终承担的大气污染排放份额。

再次，针对大气污染最严重的京津冀及周边 7 省份，本书从治理所需的经济成本角度测算京津冀及周边省份的大气污染完全治理成本和 GDP 收益，并构建不公平指数（CG），表征区域内各省份承担的成本与获得收益在份额上的不对等。研究结果显示，北京、天津及山东等发达省市通过购买山西、内蒙古、河北、河南的污染密集型产品，将本该属于自己的大气污染完全治理成本转嫁到能源富集的落后省份。然而，由于自身产业优势，北京、天津两个发达城市在将高附加值的电子、汽车、信息技术等产品销售到其他省份的过程中，获得了整个区域 53% 的 GDP 净收益。山西和内蒙古虽然承担了约 70% 的大气污染完全治理成本，但只获得了不到 20% 的 GDP 收益。可以发现，北京、天津在区域内贸易过程中占据了优势地位，河北、山西、内蒙古则处于劣势，遭受了环境不公平对待。

总体来说，本书结论认为：中国各区域和省份在开展区域分工协作和贸易过程中，存在显著的环境不公平现象。发达区域和省份由于更多致力于生产高附加值和低污染密集产品，在获得更多的经济收益的同时承担了更少的大气污染负担和治理责任；而重化工等产业密集的省份以及欠发达省份由于处于产业梯度的中端和低端，因此在为发达省份和地区提供高污染密集型产品的同时，承担了更多的大气污染负担和治理责任，却获得不匹配的、相对较少的经济收益。上述研究结论可以为我国区域大气污染治理中的责任划分提供思路借鉴，为探索中国跨省大气污染治理补偿和污染转移支付提供决策依据。

全书共分为 7 章，第 1 章主要介绍本书的写作背景、目的、意义和技术路线等内容；第 2 章主要围绕生产端和消费端排放核算与责任分配、全球或国内贸易隐含的碳排放核算与虚拟转移、贸易隐含的大气污染物及相关的环境质量和健康损失、环境不公平相关理论和进展等方面的研究进展进行梳理；第 3 章介绍了本书的方法框架和数据来源；第 4 章开展了中国省际大气污染转移及公平性实证分析；第 5 章针对出口导致的省际大气污染转移及公平性开展实证分析；第 6 章针对京津冀及周边区域大气污染治理成本转嫁开展实证研究；第 7 章总结了本书的主要结论、政策建议、主要创新及展望。

本书可以为环境规划、环境管理、环境经济等相关专业的师生和研究人员提供参考。本书撰写过程中得到了王金南院士、毕军教授、蒋洪强研究员的专业指导，中科院科技战略咨询研究院的刘宇研究员为本书提供了 2012 年多区域投入产出表。南京大学的汪峰博士、刘苗苗博士，马里兰大学的 Klaus Hubacek 教授、冯奎双教授，中央财经大学的姜玲教授等同仁在书稿写作中给予了帮助，生态环境部环境规划院陆军书记等领导给予了大力支持。在此，对以上所有人员表示衷心的感谢。本书研究成果得到了自然科学基金委的项目资助（项目号：71433007，71603097）。由于作者水平有限，书中不足与错误难免，恳请读者批评指正。

作者

2018 年 5 月 28 日

# 目　录

# 第1章 绪 论

## 1.1 研究背景

### 1.1.1 中国存在显著的区域发展差异与污染排放集聚特征

自改革开放以来，中国经济呈现快速增长趋势，从 1978 年的 3 678 亿元增长到了 2016 年的 74 万亿元，年均 GDP 增长率达到 9%左右，取得了令世界瞩目的高速增长。尤其是 2001 年加入世界贸易组织（World Trade Organization，WTO）以来，中国逐渐成为世界工厂。在 2010 年，中国名义 GDP 总量超过日本，成为仅次于美国的世界第二大经济体以及世界上最大的出口国和制造国。然而，中国不同地区的经济发展水平仍然存在显著差距（附图 1）。为了应对中国区域发展不均衡问题，中国政府在 2001 年以后相继部署了西部大开发、振兴东北老工业基地以及促进中部地区崛起等重大区域发展战略，一定程度上促进了中西部地区的经济发展。但是，中国区域经济发展不均衡问题并没有得到显著改善，甚至在局部地区出现进一步加剧的趋势（国家统计局课题组，2007；李莉等，2008；彭鑫，2015）。数据显示，长三角、珠三角和京津冀三大都市经济圈的生产总值已经占全国的 35%，成为拉动经济社会发展的三大引擎。2016 年，北京、天津、上海、山东、江苏、浙江、广东、福建等发达省份[①]GDP 总量占全国 GDP 的 48%，东部人均 GDP 是中部和西部省份的 2 倍。

另外，随着西部大开发以及中部崛起等战略，一方面我国东部通过对西部的产业梯度转移促进了西部地区的资本形成、就业促进、结构调整、制度创新和经济增长，形成了我国地区经济协调发展的大国雁阵模式（林麟，2006；杨昌举等，2006）。但另一方面发达地区为了改善本地环境质量，以区域经济一体化名义，通过投资或者厂址迁移将落后的技术设备转移到资源和能源丰富的欠发达地区，并通过省际贸易形式消耗上述产品生产发达地区高附加值、高利润产品，最终导致污染排放与经济发展在空间分布上的不均衡与脱钩，呈现"工业产值东迁而工业污染西移"现象（李杨，2006；杨英，2008）。数据显示，我国中西部地区承担了更多份额的环境负担。例如，2016 年中西部省份地区 $SO_2$ 和 $NO_x$ 排放占全国总量的 75% 和 70%，而东部发达省份上述污染物排放仅占 25% 和 30%。

### 1.1.2 中国正面临严重的区域性大气污染问题

中国用了 30 多年的时间取得了发达国家 100 多年的经济增长成就，同时发达国家 100 多年（甚至 200 多年）的环境问题在中国也开始集中爆发。中国工业化和城市化进程突飞猛进的同时，依赖的是高投入、高消耗、高污染、低效率的粗放型增长方式。近些年来，中国每年消耗全球约 50% 的煤炭（BP company，2015），生产 48% 的钢铁和 59% 的水泥（World Steel Association，2014），排放了全球约 30% 的二氧化硫（$SO_2$）和 20% 的氮氧

---

[①] 在本研究中，省份、自治区、直辖市统一称为"省份"，下同。另外，研究内容不涉及港、澳、台地区，下同。

化物（NO$_x$）（Klimont et al.，2013；World Bank，2014），其带来的显著后果就是当前以 PM$_{2.5}$ 为特征的复合型大气污染（Chan and Yao，2008；Liu and Diamond，2008；Guan et al.，2014；Pui et al.，2014）。2016 年，在中国开展空气质量监测的 338 个城市中，75.1%的城市没有达到空气质量二级标准（PM$_{2.5}$≤35 μg/m$^3$）。所有开展监测的城市的 PM$_{2.5}$ 年均浓度为 47 μg/m$^3$，约为空气质量二级标准的 1.3 倍，是世界卫生组织（WHO）指导值的 4.7 倍（MEP，2016）。另外，根据监测数据以及遥感卫星反演结果，中国灰霾污染逐渐呈现大范围、区域性特征，集中在京津冀、长三角、珠三角、成渝地区、中部地区（Ma et al.，2010；van Donkelaar et al.，2010；China National Environmental Monitoring Centre，2015）。自 2013 年以来，中国已经发生多次区域性大面积严重灰霾污染事件，成为中国公众关注度最高的环境污染问题（Wang et al.，2014；Wang et al.，2014；Xinhua New，2015）。

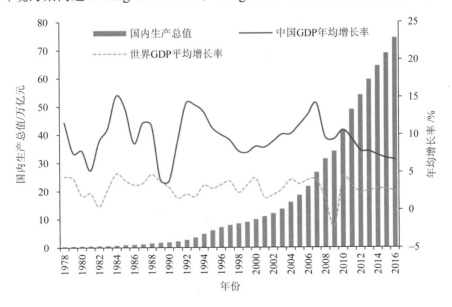

（a）中国历年 GDP 变化及年均增长率

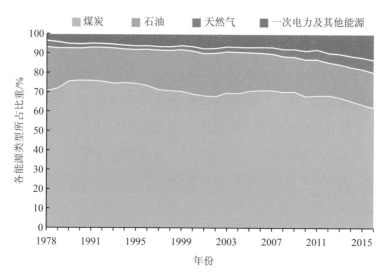

（b）中国历年能源结构变化

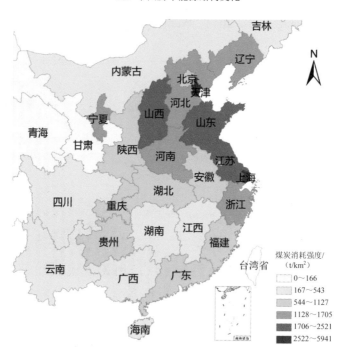

（c）中国2015年各省份煤炭消耗强度

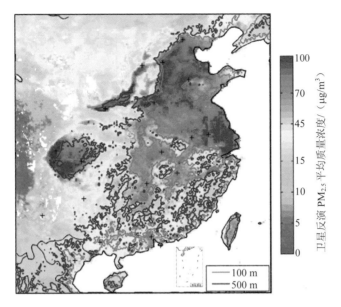

（d）中国基于卫星反演的 PM$_{2.5}$ 年均质量浓度

注：（a）、（b）、（c）中所使用中国数据来源于《2017 年中国统计年鉴》，世界 GDP 年均增长率数据来源于世界银行数据库（http：//databank.worldbank.org/data/home.aspx）；（d）来源于文献（van Donkelaar et al.，2010）。

图 1-1　中国改革开放以来经济发展及能源结构

### 1.1.3　中国大气污染跨界传输需要区域联防联控机制

中国区域性大气污染的主要特征是存在显著跨界传输现象。研究显示，在京津冀、长三角和珠三角等空气污染严重区域，空气质量很大程度上受到周边区域的影响。例如，北京市环保局 2014 年发布的大气污染源解析研究报告[①]显示，北京市全年 PM$_{2.5}$ 来源中，区域传输贡献为 28%～36%。环境保护部环境规划院基于颗粒物来源追踪技术（PSAT）对全国 31

---

① 由北京市环境保护监测中心、清华大学、中国环境科学研究院共同完成的"北京市大气环境 PM$_{2.5}$ 来源解析技术研究与应用"项目。

个省市间的 PM$_{2.5}$ 传输贡献模拟结果显示，京津冀、长三角、珠三角及成渝城市群的 PM$_{2.5}$ 年均浓度中分别有 22%、37%、28%、14% 受区域外影响，其中北京、天津、石家庄外部来源比例高达 37%、42%、33%（薛文博等，2014）。在大气污染最为严重的京津冀地区，相关研究表明，北京和天津以及河北东部城市 PM$_{2.5}$ 受外省影响较大，区域传输对北京和天津的贡献接近 50%（刘旭艳，2015；陈云波，2016）。通过模拟发现京津冀 13 个城市 O$_3$ 污染受传输贡献显著（＞80%）（王燕丽等，2017）。其他类似研究结果也与上述结论基本吻合（Li et al.，2015；张大伟等，2015；王晓琦等，2016；王惠文等，2017；王燕丽等，2017；张晗宇等，2017）。可以看出，当前各行政区"属地化"环境管理模式已经无法应对我国面临的区域性复合型大气污染，建立横向跨区域大气治理的联防联控协调机制是解决区域性大气污染的重要手段（宁淼等，2012；王金南等，2012；雷宇等，2014；李云燕等，2017）。

为此，环保部在 2012 年制定的《重点区域大气污染防治"十二五"规划》中[①]，针对大气污染严重的"三区九群"[②]，明确提出了区域大气污染联防联控机制，包括统一协调的区域联防联控工作机制、大气环境联合执法监管机制、重大项目环境影响评价会商机制、环境信息共享机制、区域大气污染预警应急机制。随后，2013 年国务院发布的《大气污染防治行动计划（2012—2017）》（以下简称"大气十条"）中也同样提出了大气污染区域联防联控的要求（柴发合等，2013；国务院，2013）。并且在北京奥运会、广州亚运会、上海世博会、北京 APEC 会议期间的空气质量保障中得到了成功实践，取得了显著的改善效果（曾静等，2010；陈焕盛等，2010；黄嫣旻等，2013）。然而这种成功案例虽具有重要的标本意义，但

---

① http://www.zhb.gov.cn/gkml/hbb/bwj/201212/t20121205_243271.htm.
② "三区九群"：京津冀、长三角、珠三角三大地区及辽宁中部城市群、山东半岛、武汉及其周边、长株潭、成渝、海峡西岸、陕西关中、山西中北部和乌鲁木齐城市群。

过分依赖限产、限行等临时性措施，对周边省份经济活动影响较大，不能替代长效联防联控机制。

### 1.1.4 理顺区域大气污染物减排责任与义务对建立长效机制至关重要

现有的大气联防联控政策主要依据各地区产生的污染排放量来分配减排责任，如中国污染物总量减排政策（Ge et al.，2009），即本地区生产过程中直接排放的污染物越多，则需要减少的污染物排放越多。但由于各区域资源禀赋和产业分工不同，区域间存在密切的商品贸易交换。一些拥有污染密集产业的省份在生产过程中排放了大量污染物，但是这些污染密集型产品（如火电、钢铁、水泥等）很大部分通过区域间贸易提供给其他省份，存在隐含于省际贸易中的大气污染物转移现象（Wiedmann，2009；Liang et al.，2014；Zhao et al.，2015）。因此，理顺区域间贸易隐含的大气污染转移关系，是建立区域大气污染的责任分担机制、解决区域性大气问题的关键和基础。

然而，将贸易商品的污染排放完全归于产品消费区域也并不合理，因为忽视了商品贸易过程中同样隐含的经济以及福利的转移，即生产污染密集型产品虽然造成了本地污染加重，但是同样在商品交易过程中获得经济效益与社会福利。开展区域间贸易本身就是拉动本地区经济增长的重要驱动因素，获得经济利益和承担污染转移是跨区域商品贸易相生相伴的两个结果。例如，北京将污染企业迁入河北（如首钢），河北的污染密集型产品（如钢材）又主要是供应北京城市建设，如此看来河北貌似承接了北京的大气污染转移。然而河北在承接北京污染产业的同时也带动了本地经济增长和就业，获得了经济收益与社会福利。因此，综合评价省际间贸易过程中的经济收益和污染转移，揭示在国内产业分工过程中的环境不公平问题是区域内平衡大气污染协同治理过程中的利益关系、建立责任共担、权责对等的差别化减排目标和区域间补偿机制的重要前提。

## 1.2 科学问题

在中国显著的区域经济发展差异和区域性大气污染特征的双重背景下，如果一个地区（省份）在与其他地区（省份）开展分工与贸易过程中，本地过多地承担了污染排放的责任，而没有获得足够的经济收益，那么就存在区域协作分工中环境成本与经济收益"脱钩"的现象，进而造成区域间或省份间不对等贸易关系，影响区域大气治理协同推进。因此，量化评估上述区域间环境成本与经济收益不对等导致的区域环境不公平需要重点关注。因此，本研究的核心问题是：

"中国区域间贸易隐含的大气污染转移特征及存在的环境负担与经济收益的不公平性"。围绕该科学问题，又可分为以下具体问题：

①我国贸易隐含的大气污染空间转移的特征是什么？

②贸易隐含的大气污染转移与经济收益转移是否存在"脱钩"现象？

③如何量化评估贸易导致的省际间环境不公平？

对上述核心科学问题的研究将有利于从经济发展与环境治理博弈角度认识区域间大气污染协同治理面临的深层次原因，有利于明晰区域大气污染治理责任，为制定科学的大气污染联防联控政策提供科学依据。

## 1.3 研究目的与意义

### 1.3.1 研究目的

本书基于生态不平等交换理论和多区域投入产出模型，在编制中国

2012 年 30 个省份 30 种行业主要大气污染物（$SO_2$、$NO_x$ 和 PM）排放清单的基础上，分别从生产端和消费端测算了我国各省份出口贸易和省际贸易导致的隐含于国内产业链上的大气污染排放和经济收益，进而构建多种环境不公平指数表征贸易隐含的大气污染排放与经济收益的不对等关系。另外，选取中国大气污染最为严重的京津冀及周边地区作为案例，深入分析整个区域内大气污染治理成本与经济收益不匹配问题。最后，针对上述环境不公平现象，提出针对性建议和解决思路。

### 1.3.2　理论意义

本书同时将贸易隐含的大气污染排放和增加值收益在中国省级层面进行比较，深刻揭示隐含于中国跨区域产业链上的污染转移和经济收益转移，识别出中国不同类型省份在参与其他地区消费与出口过程中承担的污染转移与经济收益的不匹配问题，并通过构建多种类型的环境不公平指数定量化表征省际贸易中的环境不公平现象，扩充了贸易隐含的环境不公平理论在中国的深入应用。

### 1.3.3　实践意义

本书从污染排放角度，定量识别了省际贸易隐含的不公平问题，尤其是发达沿海省份（北京、上海、江苏、浙江等）对欠发达的西北地区和中部地区的不对等贸易关系。研究成果可以为区域大气污染治理中的责任划分提供参考，为探索中国精准的跨省大气污染治理补偿和中央进行大气污染转移支付提供决策依据，为破除区域大气污染联防联控的不均障碍，实现区域大气污染协同治理提供参考借鉴。

9

## 1.4　研究框架和内容

为了实现上述研究目标，本书主要在以下方面展开深入研究。

1）编制 2012 年 30 个省份 30 个部门的大气污染物排放清单。大气污染物排放清单数据采用混合法编制。其中工业排放数据是基于中国环境统计数据库中的企业层面数据，将所有调查的企业排放数据按照省份和工业行业进行汇总。交通运输部门排放数据同样来源于中国环境统计数据库，根据各行政区按照机动车保有量、行驶里程以及排放因子等估算获得。另外，农业、建筑业和服务业的排放数据则根据能源消耗量和排放因子法进行估算。最终获得包含 3 种污染物的大气污染排放清单。

2）编制中国 2012 年多区域投入产出表。中国多区域投入产出表是本研究的核心数据。以中国 2012 年 30 个省份单独的 42 个部门价值型投入产出表为基础数据，基于 Chenery-Moses 框架，采用最大熵模型和引力模型编制区域间贸易矩阵，最终完成中国 2012 年包含 30 个省份的多区域投入产出表，并与大气污染物排放清单共同构建环境多区域投入产出模型。

3）中国区域间贸易隐含的大气污染转移及环境公平性研究。基于以上数据，针对 30 个省份之间的贸易和消费关系，根据增加值系数和大气污染当量系数，分别测算各省市消费端和生产端的大气污染物排放和 GDP 收益，以及省际大气污染物和 GDP 净转移，并构建基于净转移的环境公平性指数表征污染与经济收益的不对称关系，分析各省市由于省际贸易导致的不公平问题。

4）各省份出口隐含的大气污染转移及环境公平性研究。分别测算隐含于各省份出口商品跨区域产业链上的大气污染排放转移和 GDP 转移。并构建环境不公平指数评估出口商品的上游跨区域产业链上大气污染排放和 GDP 份额的不匹配问题,即跨区域环境不公平。

5)以京津冀及周边地区为例,开展大气污染治理成本转移及环境不公平研究。以中国大气污染最严重的京津冀及周边的 7 省份为例,采用虚拟治理成本系数和增加值系数分别测算生产端和消费端隐含的大气污染治理成本和经济收益,并比较各省份承担的大气污染治理成本与获得经济收益,测算区域间贸易获得单位经济收益所要承担的大气污染治理成本的差异,进而评估京津冀及周边区域内产业分工的环境不公平。

根据研究内容,本书共分为七章:

第 1 章 绪论。本章阐述了我国区域性大气污染的形势与问题以及面临的症结与管理需求,在此基础上归纳了本研究的科学问题、研究目的和意义,明确了研究内容,并基于科学合理的模型方法制定了本书的技术路线。

第 2 章 文献综述。本章主要对消费端和生产端排放核算与责任分配、贸易隐含排放视角下的全球气候问题、贸易隐含的大气污染和健康损失以及环境不公平相关理论与实证等方面研究进行了梳理,总结了已有研究存在的问题和不足。

第 3 章 方法框架和数据来源。本章主要包括多区域投入产出模型和大气污染排放清单。首先介绍了环境投入产出理论,然后详细对比分析了国内外已有的多区域投入产出表、模型及应用情况。接下来详细介绍了多区域投入产出表结构、中国多区域投入产出表编制过程及多区域投入产出模型。另外,本章详细介绍了大气污染排放清单的编制过程和不确定分析,以及三种大气污染物与大气污染当量(APE)的转换方式。

第 4 章 省际贸易隐含的大气污染转移及区域环境公平研究。本章包括研究背景、MRIO 模型和 REI 指数的构建和主要结果的分析。结果部分包括消费端和生产端的 APE 排放和增加值核算。根据各省的 APE 排放和 GDP 净值，将 30 个省份分为 4 类。另外，根据 REI 指数识别了环境不公平最为严重的省份。最后探讨了导致上述不公平的内在原因及针对性政策建议。

第 5 章　出口贸易导致的省际大气污染转移及公平。本章关注于各省的国际出口通过跨省产业链导致的其他省份的 APE 排放和 GDP 的增加，相比于上一章节中主要关注净转移，本章主要关注贸易隐含的 APE 排放和 GDP 增加的相对比例关系，尤其是 6 个主要沿海省份的出口对内陆省份的环境和经济影响。另外，针对广东（出口最多）的电子产业和宁夏（出口最少）的金属冶炼行业进行了案例研究。

第 6 章　中国北方七省大气污染治理成本转嫁。本章选取我国大气污染最为严重的京津冀及周边的 7 个省份为研究对象，探讨上述省份在治理大气污染的治理成本与经济收益的不对等关系。本章将三种大气污染物转换为虚拟治理成本，表征如果完全去除用于其他省份消费的产品所产生的大气污染所需的治理成本。本章研究成果可以为京津冀地区大气治理的补偿机制提供一定参考。

第 7 章　结论与展望。本章总结了中国跨区域产业链以及产业分工中存在的区域间环境不公平的现象，并对本研究存在的创新点和不足进行了剖析，对未来开展相关研究进行了积极展望。

## 1.5　技术路线

本研究在技术上主要用到多区域投入产出模型和大气污染排放清单编制技术。另外，需要使用 Matlab、Echarts、Excel 等软件。技术路线（图 1-2）主要包括以下步骤：

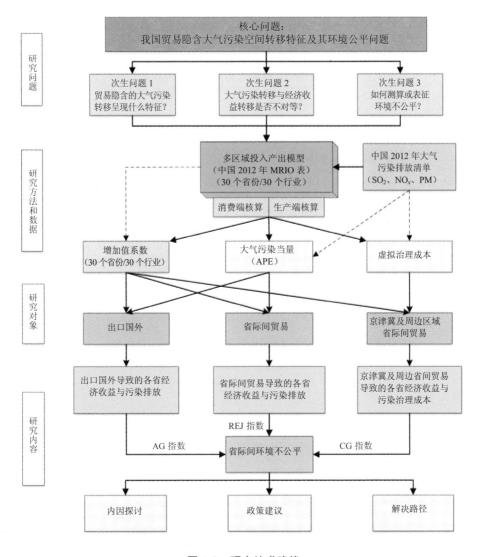

图 1-2　研究技术路线

　　第一步，明确和细化研究问题，将研究的核心问题分解为三个细化问题。

　　第二步，编制中国 2012 年多区域投入产出表，包含 30 个省份和 30

个行业，其中西藏、香港、澳门、台湾等省份和地区由于数据缺乏不纳入表中。基于中国环境统计数据库编制中国 2012 年大气污染排放清单，主要包括 $SO_2$、$NO_x$ 和 PM 三种污染物，同样细分为 30 个省份和 30 个行业。从 2012 年中国多区域投入产出表中提取出增加值系数。

第三步，基于大气污染物排放清单和我国各类污染物当量转换因子，将三类大气污染物统一转换为大气污染当量（APE）；根据我国分行业大气污染虚拟治理成本系数，核算出三类大气污染物完全治理的经济成本。

第四步，针对省际间贸易，根据增加系数和大气污染当量系数，分别测算由于各省份消费端和生产端的 APE 排放和增加值收益，以及省际间（或区域间）APE 和增加值的净转移，并构建基于净转移的环境公平性指数，分析各省份由于省际贸易导致的不公平问题。

第五步，针对各省份国际出口商品，分别测算隐含于出口商品的上游跨区域产业链上的 APE 排放转移和增加值转移。并构建 AG 指数评估出口商品的上游跨区域产业链上各省份 APE 排放和增加值份额的不匹配带来的环境不公平。

第六步，以中国污染最严重的京津冀及周边的 7 省份为例，采用虚拟治理成本系数和增加值系数分别测算京津冀及周边各省份生产端和消费端的大气污染治理成本和经济收益，并构建 CG 指数比较各省份承担的治理成本与获得的经济收益份额差距，从而估算区域内存在的环境不公平程度。

第七步，针对上述环境不公平，分别分析其内在机理并提出针对性政策建议。

# 第 2 章　文献综述

为了开展我国贸易隐含的污染转移及环境公平问题的研究，需要梳理当前国内外相关研究进展。目前，相关研究热点主要围绕生产端和消费端排放核算与责任分配、全球或国内贸易隐含的碳排放核算与虚拟转移、贸易隐含的大气污染物及相关的环境质量和健康损失、环境不公平相关理论和进展等方面。因此，本章将针对上述研究热点的国内外相关进展进行梳理。

## 2.1　生产端、消费端排放核算与责任分配研究

随着全球贸易不断加强以及以行政区为边界的污染减排要求，越来越多的研究着眼于贸易导致的资源消耗与污染排放，并将一定领土（territory，往往是一个地区或国家）内实际发生的资源消耗或排放称为生产端或生产视角的排放核算（production-based emission accounting①），将一个地区或国家的消费导致的本地区和其他区域的资源消耗和污染排放称为消费端或消费视角排放核算（consumption-based emission accounting）（Peters，2008）。

---

① 有一些文章中也称为领土排放核算（territorial emission accounting）。区别在于地域排放核算不仅包含生产过程中的排放，同时也包含居民生活排放。

随后，大量研究依据上述界定提出不同的减排责任划分方式，从而解决污染治理的责任归属问题（Munksgaard and Pedersen，2001；Ferng，2003；Lenzen et al.，2007；Rodrigues and Domingos，2008；Serrano and Dietzenbacher，2010；Chang，2013）。

### 2.1.1　生产者责任原则

生产者责任原则，顾名思义，是指一个地域边界内所有由于生产活动导致的直接污染排放应由该地域负责，包括能源资源消耗、工业生产活动、产品使用与消费、生活消费、机动车排放、农业种植，等等。上述排放既包括点源排放，同时也包括移动源和面源排放等。因此，对一个地域边界内的污染排放核算是界定生产者责任的主要手段。目前，主要包括温室气体核算、能源资源消耗核算、大气污染物排放核算、水污染物排放核算，等等。从区域大小来说，既包括全球尺度和国家尺度，同样也包括区域尺度以及省级和城市尺度，当然也包括不同部门或行业的排放核算。其中，温室气体和大气污染物的全球尺度的排放数据库包括 GAINS[①]、EDGAR[②]、REAS[③]等。中国清单主要包括英国东英吉利大学的中国碳排放数据库（CEADs[④]）、清华大学的 MEIC 数据库[⑤]、北京大学的 PKU 数据库[⑥]，原环境保护部环境规划院的 CHRED 数据库[⑦]等。当然也包括原环保部环境统计数据库（MEP，2012）。上述数据库均是从生产视角进行的污染排放核算。

然而，在全球贸易一体化的背景下，一些发达国家的污染密集型企业

---

[①] http://gains.iiasa.ac.at/models/。

[②] https://www.sec.gov/edgar.shtml。

[③] http://www.nies.go.jp/REAS/。

[④] http://www.ceads.net/。

[⑤] http://www.meicmodel.org/。

[⑥] http://inventory.pku.edu.cn/。

[⑦] http://www.cityghg.com/。

为了规避本国严厉的环境规制，倾向于将污染密集型产业转移到环境规制和标准相对较低的国家和地区，也就是"污染避难所假说"（Eskeland and Harrison，2003；Cole，2004；赵忠秀等，2013）。而污染密集型产品仍然主要出口到发达国家供其消费。这也就形成了国家或区域间的隐含污染转移问题。尤其是在温室气体减排方面，由于《京都议定书》中没有明确发展中国家的温室气体减排目标，发达国家将碳排放密集型企业转移到发展中国家（如中国、印度等），虽然减少了本国的温室气体排放，但由于发展中国家的碳排放强度高于发达国家，因此从全球尺度来说反而有可能增加温室气体的排放（Davis and Caldeira，2010），最终难以达到全球温室气体减排目标，研究者将这种现象称为碳泄漏（carbon leakage）（Wyckoff and Roop，1994；Jayadevappa and Chhatre，2000；Peters and Hertwich，2008）。

## 2.1.2　消费者责任原则

基于生产者责任原则的污染排放核算方法来界定污染减排责任受到越来越多的争议和质疑（Proops et al.，1993）。很多研究将矛头指向发达国家不合理、过度的消费结构和生活方式，指出从全球角度来看，消费才是导致全球污染排放的驱动因素（Rodrigues and Domingos，2008）。因此，基于消费者责任原则的排放核算逐渐受到学术界的重视。消费者责任原则最初来源于生态足迹理论（Ecological Footprint，EF），是指在一定技术条件下维持一个人、一个地区、一个国家的生存所必需的或者是指能够容纳人类所排放的废物的、具有生物生产力的地域面积（Rees，1992），也就是从消费和需求角度来衡量特定区域的资源消耗和污染排放。基于消费者责任的污染排放核算很快成为学术领域的热点研究方向。Proops et al.（1993）最早通过投入产出模型探讨德国和英国的 $CO_2$ 排放的责任问题。Wyckoff 和 Roop（1994）核算了最大 6 个 OECD 国家的进口产品隐含碳排放，发现进口隐含碳排放占上述 6 个国家的碳排放总量的 13%。Lenzen（1998）核算了澳大利亚消费端的能源消耗和温室气体排放。除了对碳排放的消费端核算，部分学者也开展了其他温室气体（如甲烷）的消费端排放核算（Subak，1995）。

进入 21 世纪，逐渐有学者开始梳理生产端和消费端排放核算的概念以及基于投入产出模型的核算方法，并从贸易平衡的角度分析生产端和消费端排放的责任问题（Peters and Hertwich，2006；Lenzen et al.，2007；Rodrigues and Domingos，2008）。Peters 和 Hertwich（2008）较全面地分析了生产端和消费端排放及责任划分原则，通过测算得出发达国家通过贸易向发展中国家转移，证明了全球范围内的贸易"碳泄漏"问题，并指出在后东京议定书时代应考虑根据"消费者责任原则"核算各国的排放量，从而应对全球"碳泄漏"（Peters，2008）。目前基于消费端的核算已经广泛应用到全球及区域间的碳排放（Peters and Hertwich，2008；Davis and Caldeira，2010；Peters et al.，2011；Skelton et al.，2011；Guo et al.，2012；Feng et al.，2013；Liu et al.，2015）、物质消耗（Wiedmann et al.，2015）、土地使用（Yu et al.，2013；Guo and Shen，2015）、水资源利用（Okadera et al.，2006；Feng et al.，2012；Steen-Olsen et al.，2012；Cazcarro et al.，2013；Zhang and Anadon，2013；Feng et al.，2014；Weinzettel et al.，2014；Zhang and Anadon，2014；Qu et al.，2017；Zhang et al.，2017；Li and Han，2018）、大气污染及环境健康（Kanemoto et al.，2014；Liang et al.，2014；Lin et al.，2014；Lin et al.，2016；Moran and Kanemoto，2016；Ju，2017；Liang et al.，2017；Wang et al.，2017；Zhang et al.，2017；Zhao et al.，2017；Chen et al.，2018）、环境压力（Okadera et al.，2006；Zhang et al.，2013；Wang et al.，2017）等，从不同角度均证明了发达国家或地区通过消费欠发达国家和地区的资源密集和污染密集产品，导致欠发达国家和地区消耗了更多的能源和资

源，排放了更多的污染。

### 2.1.3 责任共同承担原则

消费者负责其产品消费导致的生态环境负担的"消费者责任"核算是否就比"生产者责任"核算更加公平呢？上述问题引起一些学者的思考与质疑（Lenzen et al.，2007；Peters，2008），他们认为完全遵循"消费者责任"将有可能导致欠发达国家或地区失去采用最新技术实现资源节约与污染减排的动力和积极性，因此单从"消费者责任"或"生产者责任"进行责任划分都是不尽合理的，消费者和生产者应该共同承担污染减排的责任，这就引申出"生产和消费共同责任"（Bastianoni et al.，2004）。Ferng（2003）引入责任分担系数代表生产与消费之间的权重来分配排放责任。但有研究指出其在计算生产者责任的方法上存在重复计算，并重新定义了新的责任分配模型（Lenzen et al.，2007）。Bastianoni et al.（2004）设计了一种简单方法，即碳排放累积再分配法（Carbon Emission Added），该方法让生产者、中间人和消费者均分三个区域累积的消费端碳排放，从而实现生产端和消费端共同承担排放责任。Gallego 和 Lenzen（2005）基于投入产出生产理论构建了更加复杂的模型来分配供需产业链条上的不同主体（消费者、生产者、工人、投资人等）的责任。不同学者也从国家尺度（中国、澳大利亚、新西兰等）划分了生产者和消费者的排放责任（Andrew and Forgie，2008；Muñoz and Steininger，2010；Zhang，2015）。同时，也有学者从收入角度来划分产业链下游不同主体间的排放责任（Marques et al.，2012；Marques et al.，2013）。总体来说，针对消费者和生产者共同责任的方法和视角分析呈现出越来越多的趋势。

## 2.2 贸易隐含排放视角下的全球气候问题研究

气候变化当前全球面临的环境问题，气候变化导致的极端气候已经深刻影响到全球社会经济的方方面面，并给人类可持续发展带来挑战（Revesz et al.，2014）。人类活动产生的温室气体是气候变暖的罪魁祸首（Karl and Trenberth，2003），中国在 2006 年超过美国成为温室气体排放第一大国，面临严峻的减排压力与挑战（Chakravarty et al.，2009）。当前针对贸易隐含的温室气体排放转移是学术界研究的热点（Minx et al.，2009）。本章将分别从全球（区域）、中国以及各省份三个尺度来梳理贸易隐含碳排放与转移相关研究。

### 2.2.1 全球贸易隐含温室气体转移问题

全球化进程加大了国家间的贸易往来，这其中也隐含着碳排放的转嫁问题。一些学者开始尝试分析跨国贸易中隐含的碳排放。早期的研究主要采用单区域投入产出模型（Single-Region Input-Output，SRIO）测算某个国家的对外贸易的碳排放，如巴西、日本、挪威等。也有部分学者分析双边贸易和多边贸易中的碳转移问题。Tiwaree 和 Imura（1994）较早编制了 1985 年亚洲 9 国和美国的国际投入产出表，分析了 10 个国家之间的贸易隐含碳排放问题。Wyckoff 和 Roop（1994）通过构建 MRIO 模型分析了 6 个最大的 OECD 国家进口导致的碳转移问题。Subak（1995）分析了 6 个主要发达国家进口其他国家商品的同时导致的甲烷排放。随着 1997 年京都协议书（Kyoto Protocol）的签订，发达国家的碳减排受到更多关注，一些学者开始尝试使用多区域投入产出模型来分析附件 B 国家与世界其他国家的碳泄漏问题（Peters and Hertwich，2008）。随着全球 MRIO 数据库的建设（如 WIOD、GTAP、Eora 等，详见 3.2.1 节），全球贸易隐含碳转移的研究自 2010 年后逐渐增多。Peters 和 Hertwich（2008）基于 GTAP 6 数据分析了全球 87 个国家间的贸易隐含的 $CO_2$ 排放和虚拟转移，结果显示，约 5.3Gt 的 $CO_2$ 隐含在全球贸易中，京都议定书中附件 B 国家是 $CO_2$ 排放的净进口国，较早证明了全球碳泄漏问题。Davis 和 Caldeira（2010）分析了全球 73 个国家的消费导致的温室气体排放，发现 72%的温室气体排放是居民消费导致的。

　　Davis 和 Caldeira（2010）采用 GTAP 7 数据库较为全面地分析了 2004 年全球 113 个国家的消费端碳排放以及跨国贸易隐含的碳转移，发现 23% 的碳排放隐含于全球贸易中，中国和美国分别是最大的碳出口国和碳进口国，其他研究也得到了类似的结论（Atkinson et al.，2011；Davis et al.，2011）。Peters et al.（2011）开展的长时间序列分析显示，全球贸易隐含的碳排放占比从 1990 年的 20%增长到了 2008 年的 26%。Jakob 和 Marschinski（2012）进一步采用结构分解法分析了全球碳转移背后的驱动因素，包含单位 GDP 能耗、产业结构以及单位能源碳排放系数等。Deng 和 Xu（2017）采用 1995—2009 年的 WIOD 数据在分析全球各国碳转移的基础上，采用 SDA 来解释碳转移的驱动因素，结果表明直接碳排放系数下降是国家间的隐含碳进出口下降的最大驱动因素。Karstensen et al.（2015）做了进一步延伸分析，将消费导致的碳排放延伸到全球气温变化上，识别了导致温度变化的消费端国家和行业。关于全球碳转移和消费端碳排放核算的研究还有很多（Peters，2010；Skelton et al.，2011；Peters et al.，2012；Deng et al.，2017），同时还有针对部分区域和国家的消费端碳排放和转移研究（Chen and Chen，2011；庞军等，2015）。

### 2.2.2　中国对外贸易隐含碳排放与环境问题

中国由于巨大的经济体量、人口规模以及以煤炭等化石能源为主的能源结构，是全球贸易隐含碳排放与转移研究的重要国家之一。中国自 2001 年加入世界贸易组织以来碳排放持续增长，到 2014 年中国 $CO_2$ 排放总量占全球的 23.43%（Hulme，2017）。中国政府承诺到 2030 年达到 $CO_2$ 排放峰值，碳排放强度在 2005 年下降 65%（屈超和陈甜，2016）。作为最大的贸易国，中国对外贸易中的碳排放成为研究热点（Qi et al.，2013）。Zhang et al.（2017）在 *Web of Science* 中检索了中国 1981 年以来的 SCI 和 SCIE 文章，发现共有 317 篇文章是讨论中国对外贸易的碳排放问题。尤其从 2010 年以来，相关发表文章数量呈现快速增长趋势。张晓平（2009）分析了中国货物进出口贸易产生的 $CO_2$ 排放转移，结果发现中国出口商品隐含的 $CO_2$ 排放量在 2000 年为 9.6 亿 t，到 2006 年则快速增长到 19.1 亿 t，每年出口商品隐含的 $CO_2$ 排放量占全国 $CO_2$ 总排放的 30%～35%。这其中，中美贸易顺差、中国与欧盟贸易顺差是产生净转移的主要原因。闫云凤的研究显示，中国出口商品隐含碳占当年排放的比重从 1995 年的 10.03% 增长到了 2008 年的 26.54%，进口商品隐含的 $CO_2$ 占当年排放的比例增速要远远低于出口，仅从 4.40% 缓慢增长到 9.05%，上述结果表明，污染排放的不平衡是导致中国贸易不平衡的背后重要原因。中国对外贸易隐含碳净出口占中国碳排放的 11.77%～19.93%，发达国家通过对华贸易避免了本国大量的 $CO_2$ 排放。经济规模的增加和经济结构是长期推动中国出口隐含的 $CO_2$ 增长的主要驱动因素（闫云凤，2011；闫云凤等，2013）。倪红福等（2012）分析了贸易隐含 $CO_2$ 在主要贸易伙伴国中的贸易流向及内在驱动因素。结果表明，2002—2007 年中国在与其他国家开展贸易过程中带来了大量的贸易隐含 $CO_2$ 排放顺差，从驱动因素来看，由于技术进步降低了 $CO_2$ 的排放强度，是导致中国出口隐含 $CO_2$ 减缓增长的重要因素。唐志鹏（2014）进一步分析了出口对国内各区域的影响，发现 1997—2007 年全国实际出口导致八个区域碳排放的直接效应均有所下降。Qi et al.（2014）发现中国的净出口隐含碳排放主要来源于机器和设备的出口而非能源密集型产品，欧盟、美国和日本是中国碳排放的主要进口国。

### 2.2.3　中国省际贸易隐含的碳排放与转移

近年来，随着中国多区域投入产出表编制技术在国内的应用与发展，国家信息中心、中科院地理所、国务院发展研究中心等研究机构均相继编制了我国多区域投入产出表（详见 3.2.1 节），为开展我国区域间贸易隐含碳排放转移提供了模型基础，相关研究已经达到了 20 多篇。尤其是基于中科院地理所刘卫东研究员编制的 2007 年 30 个省份间 MRIO 表的研究较多。姚亮等（2013）和刘晶茹（2010）最早测算了 1997 年中国八大区域间的碳排放转移以及居民消费碳足迹，结果显示北部沿海区域和中部区域碳排放转入量大于转出量，承接了其他区域的高碳负荷产业转移。Guo et al.（2012）分析了中国 30 个省份 2002 年的国际贸易和国内贸易的隐含碳排放，结果显示，最大的省际贸易净转移从中国东部地区流入中部地区。石敏俊等（2012）采用 2007 年、2002 年多区域投入产出模型测算了中国省份间的碳足迹以及碳排放净转移，结果表明碳排放主要从能源富集和重化工集聚的省份流向经济发达区域或经济欠发达省份。Feng et al.（2013）创新性地将中国 2007 年多区域投入产出表与 GTAP 数据库相链接，从而分析进出口以及省际贸易导致省际碳排放转移，结果显示中国各省份 57% 的碳排放是由外区域消费导致。姚亮等（2013）对中国八个区域居民消费碳足迹的数量、构成、分布及转移进行了分析，结果显示 2007 年全国居民消费碳足迹总量达到 31.74 亿 t。闫云凤（2014）的研究显示，通过区域间贸易，全国形成了"西部→中部→东部沿海"输出隐含碳的空间格局。

部分学者对比了不同年份的中国省级碳排放转移相关研究，结果显示，中国区域间隐含碳排放转移总体上呈现向西部地区延伸的趋势，尤其是西北地区逐渐成为最大的碳排放承接区域（Zhang et al.，2014；刘红光和范晓梅，2014；Liu et al.，2015；Wang et al.，2018）。Mi et al.（2017）采用最新数据分析了 2007—2012 年中国省级碳排放的变化和驱动因素，发现 2008 年经济危机后中国碳排放转移发生了变化，西南地区从碳排放出口区域转变为进口区域；从国际贸易来看，产品结构优化和排放效率的提升使得中国出口隐含碳排放呈现下降趋势。Wu（2017）也对中国 2002—2010年省级碳排放转移进行了因素分解，发现最终需求和碳排放强度是影响省际贸易隐含的碳排放的主要因素。其他相似研究结论也基本与上述研究结论相同（Lindner et al.，2013；代迪尔，2013；孙立成等，2014；赵慧卿，2014；李洁超，2015；庞军等，2017）。另外，一些学者也探索开展了中国城市尺度的消费端碳排放核算工作（Feng et al.，2014；Mi et al.，2016；Meng et al.，2017）。总体来说，中国碳排放的空间转移趋势主要从能源富集和重化工集聚的省份流向经济发达区域或经济欠发达省份。

## 2.3　贸易隐含的大气污染及健康损失研究

随着全球大气环境问题，尤其是中国大气污染问题的日益加剧，开展全球尺度乃至区域尺度的贸易隐含大气污染物排放、大气环境质量以及大气污染引发的暴露死亡人口的研究也逐渐增多，并得到全球科研人员的关注。

### 2.3.1 贸易隐含的大气污染转移研究

从全球尺度来看，贸易隐含的大气污染物转移研究要少于碳转移研究。Serrano 和 Dietzenbacher（2010）较早采用多区域投入产出模型研究了西班牙通过国际进出口隐含的温室气体排放（GHG）和大气污染物（$SO_2$、$NO_x$ 和 $NH_3$）转移问题，评估了 1995 年和 2000 年生产端和消费端的污染排放及排放贸易平衡关系，进而讨论了生产视角和消费视角的污染排放责任问题。Muradian et al.（2002）将主要大气污染物（$SO_2$、$NO_x$、CO、VOCs、$PM_{10}$ 以及 TSP）等作为主要指标，测算了 1976—1994 年 6 个年份，包括美国、日本以及欧洲在内的 18 个工业化国家在与其他国家开展双边贸易过程中通过进出口转移出去的大气污染排放，结果显示，在研究后期，日本、美国以及西欧进口隐含的大气污染要远大于其出口隐含大气污染。Kanemoto 等采用内嵌环境排放清单的 Eora 模型测算了 1990—2010 年发达国家和发展中国家的地区碳排放和消费端碳排放及贸易隐含的国家间碳转移问题。同时，采用相同模型测算了 1970—2008 年 $SO_2$、$NO_x$ 以及 ODS（ozone-depleting substances）等大气污染物的虚拟转移问题。文章将碳转移和大气污染转移进行了比较，并得出结论认为发达国家在过去几十年通过严厉的法规将污染产业转移到欠发达区域，仅仅是带来大气污染在空间上的分布差异。因此，在制定碳减排政策时应避免重蹈覆辙，导致碳转移和碳泄漏问题（Muradian et al.，2002）。Moran 和 Kanemoto（2016）采用 Eora 模型结合 $SO_2$、$NO_x$ 和 $PM_{10}$ 排放数据测算了全球国家间贸易隐含的 $SO_2$、$NO_x$ 和 $PM_{10}$ 的生态足迹，并结合 EDGAR 大气污染网格清单数据，识别了隐含于贸易中的 1970—2008 年 $SO_2$、$NO_x$ 和 $PM_{10}$ 排放热点区域。研究发现，随着 1970 年以来经济的全球化，发达国家逐渐将污染产业转移到发展中国家，通过国际贸易满足国内消费的同时也导致了发展中国家

（尤其是中国和印度）产生了大量大气污染物。

从区域尺度来看，Ju（2017）采用 World Input–Output Database（WIOD）以及 PM$_{2.5}$ 排放清单估算了东亚的中国、日本和韩国三个主要经济体之间贸易隐含的 PM$_{2.5}$ 排放及转移路径，发现中国向日本和韩国出口中隐含了大量污染排放。苏昕等（2013）基于环境投入产出模型和结构分解模型核算了中国与其他国家贸易中隐含的大气污染物排放（SO$_2$、NO$_x$ 和 PM$_{2.5}$），结果显示，由于中国对美国出口贸易顺差较大且行业污染物排放强度较高，进而导致中国对美国出口隐含较大的污染物排放及转移。

随着中国区域投入产出表的完善以及省级排放清单的完善，中国区域间贸易隐含的大气污染研究也逐渐增多，并且主要基于中科院地理所刘卫东编制的 2007 年多区域投入产出表（刘卫东等，2012）。李方一等（2013）分析了包括 SO$_2$ 在内的 4 种典型工业污染物，分析了中国八大区域间贸易隐含的污染转移，结果显示，东部地区通过区域间贸易将自身的污染排放负担转移到中西部地区。Liang et al.（2014）在分析了中国 30 个省份间大气汞排放的空间转移后，发现中国 2007 年省际贸易隐含的大气汞主要从内陆地区向东部沿海转移，其中京津和南部沿海地区的虚拟大气汞净流入最多，西部净流出最多。Zhao et al.（2015）以 4 种主要大气污染物为例（PM$_{2.5}$、SO$_2$、NO$_x$ 和 VOCs），分析了中国省际贸易和国际出口隐含的大气污染转移，结果显示中国 4 种大气污染物虚拟转移同样显示了从西部内陆向沿海地区净转移的特征，同时还发现 15%～23%的大气污染排放是由于国际出口导致的。吴乐英等（2017）分析了 2007 年和 2010 年中国省际贸易隐含的 PM$_{2.5}$ 转移，发现省际贸易隐含 PM$_{2.5}$ 占总 PM$_{2.5}$ 排放的 1/3 左右，2008 年经济危机使得中国省际贸易隐含 PM$_{2.5}$ 量变小。

### 2.3.2　贸易隐含的大气环境质量变化研究

除了测算不同国家和区域间贸易隐含的大气污染排放，以北京大学林金泰为主的研究人员将污染排放进一步拓展到大气环境质量，即为了生产供给其他地区消费端的商品而导致本地区大气环境质量（浓度）的变化情况。Lin et al.（2014）将投入产出模型与大气化学模型（GEOS-Chem）相结合，测算了 2000—2009 年中美贸易隐含的大气污染物排放及其对全球空气质量的影响，结果显示，美国西部空气中 12%～24%的硫酸盐是由于中国出口到美国的消费品间接带来，美国将制造业转移到中国有可能改善了美国东部的空气质量，但却降低了美国西部的空气质量。Lin et al.（2016）进一步测算了全球消费端对大气气溶胶的影响，结果显示，东亚（尤其是中国）在生产污染密集商品供给西欧和北美消费的同时，也导致了东亚地区气溶胶的升高。总体来说，上述研究通过嵌套投入产出模型与大气物理化学模型，将贸易隐含的大气污染排放转移向大气环境质量方面拓展，并取得了显著的成果。

### 2.3.3　大气污染引起的公众健康损失研究

大气污染引起的过早死亡是贸易隐含的大气污染排放和环境质量影响的进一步拓展研究。其研究思路是基于多区域投入产出模型测算消费端大气污染排放和转移，进而采用大气物理化学模型模拟上述排放对年均空气污染物浓度的影响比例，最终根据剂量反应函数测算出消费视角的人口过早死亡人数以及区域间贸易导致的净死亡人数。这类研究中最重要的研究成果是 Zhang et al.（2017）发表在 *Nature* 上的研究，他们测算了 2007 年全球 13 个区域基于消费视角的 $PM_{2.5}$ 相关的过早死亡人数，结果显示，12%（41.11 万过早死亡人数）的过早死亡是由于其他区域的空气污染导致的，22%的过早死亡是由于本地区生产用于其他地区消费商品导致的。例如，中国有 10.86 万过早死亡人数是为了供给商品用于美国和西欧消费而导致的。另外两个研究团队也同步采用 2010 年 Eora 数据库开展了类似研究（Liang et al.，2017；Xiao et al.，2018），其中 Liang et al.（2017）采用的是调整后的折寿年（disability-adjusted life year）而非过早死亡人数来表征 $PM_{2.5}$ 的健康影响，其结果显示全球 26%的 $PM_{2.5}$ 导致的健康影响是由于为其他区域生产消费品而引起的。日本京都大学也采用混合模型分析了亚洲 9 个国家间国际贸易隐含的一次碳质气溶胶（黑炭和有机碳）转移，从消费端测算了各国消费的产品隐含的黑炭和有机碳排放对空气质量及人体健康的跨界转移问题。研究结果显示，中国 2008 年消费端碳质气溶胶导致的过早死亡人数最多，达到了 11.1 万人，其次是印度尼西亚、日本、泰国和韩国（Takahashi et al.，2014）。

除了上述全球或亚洲区域的研究，针对中国省际贸易和国际出口的空气污染导致的健康影响也同步开展。Jiang et al.（2015）测算了中国 2007 年各省份对外出口通过产业链对其他省份的健康影响，结果显示中国出口的大气污染物排放占全国年均 $PM_{2.5}$ 浓度的 15%左右，占全国因空气污染过早死亡人数的 12%左右（15.7 万人）。其中内陆省份受到的健康损失要远高于沿海省份。Zhao et al.（2017）采用 2010 年数据分析了中国省间贸易隐含的健康影响，结果显示 2010 年中国 33%的空气污染过早死亡是由于区域间贸易导致的，尤其是北方向南方、西部向东部提供空气污染密集商品的过程中。Wang et al.（2017）同时考虑了中国进出口和省际贸易的大气污染导致的健康问题。与前面研究不同的是，该研究将大气污染过早死亡结果按照大气污染落到了网格中，而非省级行政区，这样对制定相应政策提供了更加精准的参考意义。

## 2.4　环境不公平相关理论及实证研究

双边贸易中隐含的生态不平等问题早在 20 世纪中期就受到不同国家学者的关注，并逐渐在已有经典理论上形成了生态不平等交易理论（Ecologically Unequal Exchange，EUE）。随着研究的不断深入，从定性理论探讨到定量分析评估，尤其是 21 世纪以来采用全球多区域投入产出模型开展的相应定量分析，进一步加深了广大学者对国际和区域内贸易中环境不公平问题的认识。

### 2.4.1　生态不平等交易理论

生态不平等交换理论是经济学传统的贸易依存度理论（赵晓明和冯德连，2007）、不平等交换理论（杨玉生，2004）和世界体系理论（江华，2007）等经典理论在生态环境领域的拓展。古典经济学认为产生国际贸易与分工的基础是不同国家间存在比较优势。由于发展阶段和水平的悬殊，造成了发达国家和发展中国家的垂直型国际分工（丁宋涛和刘厚俊，2013）。发展中国家出口劳动密集型、资源消耗型、污染密集型、低附加值产品给发达国家作为其生产垄断性高附加值产品的中间材料，也就存在不平等价值分配（Dandekar，1980）。然而，传统理论并没有考虑生态环境的价值。发展中国家在生产初级产品过程中是建立在资源能源消耗、生态破坏以及环境恶化的基础上（Torras and Boyce，1998），其出口初级产品（尤其是资源产品）的价值没有包含在产品价格中，即生态价值外部化，也就造成了发展中国家初级产品出口价值的生态剪刀差（严立冬等，2014），进而抑制了发展中国家经济发展的资本积累，并承担了生态环境恶化的后果（Hornborg，1998；Andersson and Lindroth，2001；Røpke，2001）。

而发达国家通过低廉的价值避免本国生态环境的退化。国家贸易的生态不平等交换的后果之一就是不断加大了发展中国家的生态债务（Roberts and Parks，2009；Hornborg and Martinez-Alier，2016）。

早期关于生态不平等交换或贸易环境不平等的研究主要受到社会学派的关注，主要的研究者包括美国犹他大学的 Andrew K. Jorgenson，瑞典隆德大学的 Alf Hornborg，美国新墨西哥州立大学的 James Rice 等学者，且以理论研究和统计模型分析为主。Hornborg（1998）较早提出了如何评估生态不平等交换问题，他认为较好的办法就是分析贸易中能源和物质的净流动方向而非用货币量化它们的生产潜力，另外他也从世界体系、零和博弈等角度全面认识生态不平等交换问题（Hornborg，2009，2014）。另外一位基于世界体系分析生态环境不平等的研究者是 James Rice 教授，他探索了世界体系里核心国家（core country）对边缘国家（peripheral country）产生负面影响的结构性特征和社会经济学原理（Rice，2006；Rice，2007）。相对于理论派学者，以 Andrew K. Jorgenson 教授为代表的实证派学者更多倾向于采用经济学或社会学方法开展实证研究。Jorgenson（2006）采用面板数据回归分析模型分析了国际双边贸易带来的环境退化问题（Jorgenson et al.，2010），他发现较发达国家将产品消费的环境成本外部化至欠发达国家，并加剧了其环境退化问题，低收入国家人均生态足迹要远低于高收入国家（Jorgenson，2009）。另外，针对东西欧、$CO_2$ 排放以及国外投资的环境影响也开展了相应的分析，基本上证明了生态不平等交换理论（Jorgenson and Clark，2009；Jorgenson，2011，2012，2016）。其他关于生态不平等交换的理论分析和实证研究还有很多（Torras and Boyce，1998；Shrestha and Marpaung，2002；Master，2007；Singh et al.，2010；Oulu，2015，2016；Warlenius，2016；Ciplet and Roberts，2017；Falconi et al.，2017；Gellert et al.，2017；Grunewald et al.，2017；Noble，2017；Reid，

2017；Smith et al.，2017），限于篇幅不再详细介绍。

## 2.4.2　贸易隐含的生态环境不公平

多区域投入产出模型由于对区域间的贸易关系刻画十分清晰，近些年来逐渐被诸多学者用于分析全球或区域贸易的生态不平等交换（EUE）问题。这其中主要以美国马里兰大学的 Prell、Feng 和 Hubacek 以及悉尼大学的 Daniel D. Moran 研究为主。Moran et al.（2013）最早采用 MRIO 模型来探索全球贸易中是否存在生态不平等交换问题。笔者采用 Eora 全球模型对全球各国家 1990—2020 年贸易货币流与贸易隐含的其他生态环境指标（温室气体排放、水足迹、物质足迹、大气污染、生物多样性等）进行了比较分析，结果显示全球区域间的贸易平衡与生物指标平衡是不匹配的，发展中国家的出口主要是生态密集型产品。但是笔者认为高收入国家并没有通过贸易对低收入国家施加环境压力，认为在高收入国家和低收入国家间并没有生态不平等交换现象。但是有学者认为 Moran 的方法和假设存在问题，结论并不可行（Dorninger and Hornborg，2015）。确实已经有很多研究证明发达国家是生态足迹净进口国（Steen-Olsen et al.，2012；Yu et al.，2013；Guo and Shen，2015）。

Prell 和 Sun（2015）采用 Eora 全球 MRIO 模型分析了全球 187 个国家间贸易隐含的污染排放和经济福利之间的不对等问题，研究显示，全球不同国家和地区的人均 GDP 与净碳转移呈现 U 形曲线。国家在早期发展阶段是净出口碳的阶段，随后中期处于碳贸易平衡、后期发展阶段则为碳进口。Prell（2016）采用 Eora 全球 MRIO 模型结合社会网络分析方法和统计模型分析 1990—2010 年国际贸易模式如何引起环境不公平以及对一个国家的死亡率产生影响。作者构建了一个"Pollution-Wealth"指数（PW指数）来表征贸易过程中承担的污染和获得的财富，PW 指数等于一个国

家贸易隐含的 $SO_2$ 的份额与贸易隐含的增加值（value added）的份额的比重，结果显示，一个国家的全球化程度与贸易隐含的污染排放呈现显著正相关，核心国家出口过程中福利增加的幅度要快于污染增加，全球化程度越高的国家死亡率越低（Prell et al.，2015）。Prell 和 Feng（2016）将 MRIO 模型和 SAOMs（stochastic actor-oriented models）相结合分析了 173 个国家的碳贸易平衡问题，研究一定程度上证明了生态不平等交换理论，并发现新兴经济体在全球贸易网络以及碳平衡中发挥着重要作用。Hubacek et al.（2017）用全球 MRIO 模型分析了贸易隐含的碳足迹导致碳排放和全球气候变化对不同群体收入的影响，结果显示，贫穷国家内不同收入群体受到贸易导致的碳排放影响要高于高收入国家，一定程度上揭示了国际贸易→碳排放→贫穷的关系。

除了全球尺度的研究，一些研究也将目光焦距在美国和中国这两个最大的贸易进出口国。Prell et al.（2014，2015） 在世界系统理论的研究框架下，采用 GTAP 模型核算了美国 2007 年通过贸易获得的增加值收入和 $SO_2$、$CO_2$ 排放负担。结果表明，美国作为核心国家，相对于其承担的污染份额，通过贸易获取了全球贸易价值中的较多份额，而在非核心国家则往往会出现相反的趋势；而中国作为制造业大国，兼有核心国和外围的贸易特征。采用相似的方法，Yu et al.（2014）使用 Eora 数据库测算了中国与全球其他国家和地区贸易隐含的环境负担（$SO_2$、GHG、水资源和土地）和经济收益（增加值）不匹配问题。笔者发现，北美、欧洲和东亚等发达地区通过贸易将环境压力转嫁给中国，然而，中国在于东南亚、南亚以及非洲贸易过程中也同样将环境压力转嫁给这些欠发达地区，生态不平等交换问题确实存在于中国对外贸易中。另外，学者发现中国京津冀地区与其他省份乃至全球贸易过程中也存在这种环境不公平问题（Zhao et al.，2016）。

### 2.4.3　我国环境不公平研究

在我国，环境公平问题的研究始于 1990 年。靳乐山（1997）分别从工业国家污染转移和城乡污染转移两个方面梳理了污染转移内在动力和途径，认为工业污染源迁移、生活垃圾转移等是城乡污染转移的主要途径；污染物出口、过度消费和先污染后治理的发展道路是发达国家与欠发达国家转移污染的主要途径。叶民强（2002）指出环境问题投影到不同的现实背景上就形成了不同类型的环境公平问题，主要包括不同阶层、不同代际和不同地域间的环境公平。宋国平等（2005）和庄渝平（2006）在将区域经济发展差异与环境公平程度进行对比后认为，区域间经济发展水平的不平衡导致了区域间环境不公平。针对环境公平的定量化测算和表征，部分学者借鉴基尼系数以及洛伦兹曲线，用于研究收入差距的环境公平。王金南等（2006）基于基尼系数提出绿色贡献系数，用于反映一个国家内部资源消耗和污染排放分配的内部公平问题，实证结果表明西部经济欠发达地区是中国环境不公平因子。钟晓青等（2008）以广东省 21 城市为例，从生态容量的角度，在环境基尼系数基础上演化出绿色负担系数来表征城市环境不公平性。王奇等（2008）以 $SO_2$ 为例构建环境基尼系数，分析发现中国环境不公平比较严重。滕飞等（2010）采用基尼系数和洛伦兹曲线构建了测算碳排放空间分配公平性的综合指标，结果显示，全球仅有30%的排放空间是公平的，发达国家过度占用了欠发达构架的排放空间。邱俊永等（2011）采用基尼系数方法测算了工业革命以来 G20 主要国家 $CO_2$ 累计排放量的公平程度。结果表明发展中国家受到了较大环境不公平。尹晶晶等（2013）采用基尼系数及人均 GDP 能耗绿色贡献系数等方法对新疆 15 个地级城市开展研究，分析能源消耗强度的空间公平性。申伟宁等（2016a，2016b）基于资源环境基尼系数的研究表明，邢台、唐山和邯郸是京津冀区域环境不平等的主要因子。孙才志等（2016）采用基尼系数对中国灰水足迹均衡性实证研究表明，东部地区在经济灰水足迹均衡性较差，西部地区在人口灰水足迹均衡性较差。另外，部分学者对环境不公平问题研究进展做了较为全面的梳理（武翠芳等，2009；钟茂初和闫文娟，2012；王斌和乔丽霞，2017）。总体来说，已有对中国环境不公平的研究主要是采用基尼系数的实证分析，侧重于对整体性分析。目前采用 MRIO 模型测算贸易隐含污染转移的不公平性的相关研究仍然较少。

## 2.5　本章小结

　　本章首先对生产端与消费端排放核算和责任分配开展梳理，然后梳理总结了贸易隐含的全球温室气体排放与转移、大气污染物及健康损失转移以及生态环境不公平等方面的理论及实证分析。对上述研究领域的进展分析后，我们可以得到以下结论：

　　1）消费端环境污染排放的核算已经成为当前的研究热点。尤其是在进行区域间排放责任划分方面，目前学术界已经逐渐从生产者责任向消费者责任以及共同责任转变。尤其是在全球气候变化方面，越来越多的研究表明发达国家和地区从消费视角核算的温室气体排放要远远高于欠发达国家和地区，因此，发达国家需要承担更多的减排责任。

　　2）从空间尺度来看，贸易隐含污染物转移研究大多集中在全球尺度和区域尺度。随着中国成为全球最大的碳排放国，将中国作为整体测算对外贸易的隐含污染排放的研究也逐渐增多。另外，随着中国多区域投入产出表的编制成功，测算国内省际间贸易隐含的污染转移研究也逐渐增多。一些学者甚至开展了城市尺度的消费端贸易核算研究。

　　3）从大气污染类型和影响来看，研究者已经不再局限于贸易隐含的污染排放的测算，以清华大学和北京大学为主的研究团队已经逐渐测算贸易隐含大气污染导致的空气质量影响以及引起的环境健康影响。

4）从环境不公平研究来看，现有的研究一部分集中在生态不平等交换理论的定性讨论，另一部分则采用面板数据对生态环境指标和经济福利指标开展统计和回归分析。近些年，随着全球 MRIO 模型的不断成熟，以马里兰大学研究者为主测算了贸易隐含的福利转移和污染转移，并从生态环境角度构建了相应的指数用于评估不同发展阶段的国家间贸易中隐含的不公平程度。使用 MRIO 模型对区域间贸易隐含的不公平问题进行研究，提供了全新的研究视角和定量化分析工具。

然而，中国当前面临着严重的区域性大气污染问题。基于消费者责任视角划定各省市的减排责任将为开展区域大气联防联控提供新的解决思路。目前省际间大气污染转移虽然已经有部分研究成果，但是现有研究仅考虑了大气污染物的转移，虽然也能为减排责任划分提供一定依据，但并不全面。省际贸易不仅隐含着污染的转移，同时也隐含着经济福利的转移。然而同时考虑污染转移和经济福利转移的研究仍然缺乏，定量化评估各省份间两类转移的差距与不对等，才能识别存在于国内贸易中环境不平等的具体施加者和承受者，为建立区域大气污染的责任分担机制和大气污染联防联控提供定量化决策基础。

# 第3章  方法框架和数据来源

投入产出模型以及多区域投入产出模型在生态环境领域得到了广泛应用。本章将在介绍多区域投入产出理论方法、基本结构的基础上，一方面，介绍当前全球和我国已有的多区域投入产出数据以及本研究编制的2012 年投入产出表的编表过程；另一方面，介绍 2012 年中国大气污染物排放清单的编制过程。

## 3.1  环境投入产出理论与方法

### 3.1.1  投入产出的产生与发展

20 世纪 30 年代，俄裔经济学家瓦西里·列昂惕夫（W.Leontief）在发表的《美国经济制度中投入产出数量关系》中，首次提出了投入产出分析，并随后于 1941 年和 1953 年分别出版专著对投入产出的概念、投入产出表的编制方法以及投入产出模型的基本原理进行了较为详细的阐述。由于创立了投入产出理论，并对宏观经济的发展做出了卓越的贡献，列昂惕夫在1973 年获得了诺贝尔经济学奖。

20 世纪 50 年代末 60 年代初，我国开始引进投入产出技术。山西省是中国最早编制投入产出表的省份，在 1980 年试编制了山西省 1979 年投入产出表。国务院办公厅在调研全国各地投入产出研究的基础上，对全国发出了《关于进行全国投入产业调查的通知》，标志着我国投入产出表正式编制的开始，并最终形成了我国 1987 年投入产出表，也是我国最早的投入产出表。此后，投入产出分析相关研究和应用工作不断增多，结合我国长久以来的计划经济体制，投入产出分析逐渐成为我国开展宏观经济调控和决策管理的重要手段。从 1987 年开始，我国逢 2 逢 7 年份编制投入产出基本表、逢 0 逢 5 年份编制投入产出延长表的基本制度逐渐形成。至今，国家统计局先后编制了 1985 年、1992 年、1997 年、2002 年、2007 年、2012 年中国投入产出表和 1990 年、1995 年、2000 年、2005 年、2010 年中国投入产出延长表。另外，各省级行政区均同步编制了各年份本地区的投入产出表。

依据投入产出表以及研究目的，可以构建多种投入产出模型（表 3-1），大致可分为静态投入产出模型和动态投入产出模型。其中，静态模型仅仅分析某一年份的经济系统经济投入与产出关系；而动态模型则将时间跨度分解到不同年份，以及基于某一年份对未来年份的经济活动开展预测与模拟。另外，按照计量单位、研究范围、研究时间和研究对象等还可以有进一步的细化分类（陈锡康和杨翠红，2011）。

表 3-1　投入产出表的类型

| 分类标准 | 种类 |
| --- | --- |
| 分析时期 | 开模型 |
| | 静态/动态闭模型 |
| | 局部闭模型 |
| 计量单位 | 价值投入产出型 |
| | 实物投入产出型 |
| | 混合投入产出型 |

| 分类标准 | 种类 |
|---|---|
| 研究范围 | 世界投入产出模型 |
| | 国家投入产出模型 |
| | 地区投入产出模型 |
| | 部门投入产出模型 |
| | 企业投入产出模型 |
| | 地区（国家）间投入产出模型 |
| 研究时间 | 报告期投入产出模型 |
| | 规划期（预测期）投入产出模型 |
| 研究对象 | 资源、能源投入产出模型 |
| | 环境投入产出模型 |
| | 劳动力（人口）投入产出模型 |
| | 教育投入产出模型 |
| | 农业投入产出模型 |

资料来源：陈锡康和杨翠红（2011）。

### 3.1.2 投入产出表的基本结构

投入产出表是将国民经济所有部门的生产活动按照产品生产与产品使用相结合，全面反映国民经济各种商品生产与消费过程的一种表格。使用投入产出表可以较为全面和系统地描述一定区域内国民经济各部门在本地产业链中与其他部门的关联程度和经济技术联系。

投入产出表由投入表与产出表交叉组合形成。其中，投入表表示的是某一部门在完成本部门产品生产过程中所需要的其他部门的投入以及初始投入；产出表表示的是某一部门产品生产完成后的分配过程，即分配给其他部门作为中间产品使用，也作为最终产品分配给居民、政府消费、固定资产投资以及其他出口地区。表 3-2 是一个简化的价值型投入产出表。

表 3-2　一般价值型投入产出表简化框架

| 投入＼产出 | | 中间产品 | | | 最终产品 | | | 进口 | 总产出 |
|---|---|---|---|---|---|---|---|---|---|
| | | 部门 1 | …… | 部门 n | 最终消费 | 资本形成 | 出口 | | |
| 中间投入 | 部门 1 | $x_{ij}$ I 象限 | | | $Y_i$ II 象限 | | | | $X_i$ |
| | …… | | | | | | | | |
| | 部门 n | | | | | | | | |
| 最初投入 | 劳动者报酬 | $N_{ij}$ III 象限 | | | | | | | |
| | 生产税净额 | | | | | | | | |
| | 固定资产折旧 | | | | | | | | |
| | 营业盈余 | | | | | | | | |
| 总投入 | | $X_j$ | | | | | | | |

　　投入产出表分为 3 个区域，也称 3 个象限。其中，第 I 象限是投入产出表的主要内容，矩阵中每个数字 $x_{ij}$ 均有双重含义：从横向来看，表示某一个部门生产的商品或服务用于另一个部门作为中间投入的价值量；从纵向来看，表示某一个部门在产生过程中消耗的其他部门的产品的价值量。第 I 象限反映了国民经济各部门之间在生产环节相互为对方提供中间产品用于其生产的技术经济关系，是投入产出表的核心；第 II 象限反映了各部门生产的商品或服务作为最终产品形式用于消费、投资和出口的比例，体现了国内生产总值经过分配和再分配后的最终使用；第 III 象限反映了各部门所需的最初的要素投入的构成，包括劳动投入、资本投入等，由劳动者报酬、固定资产折旧、生产税净额、营业盈余等增加值项组成。

　　可以认为，第 I 象限和第 II 象限组合形成的横向表反映了国民经济各部门生产的各类商品和服务的使用去向；而第 I 象限和第 III 象限组合形成的竖向表反映了国民经济各部门生产过程中所需要的中间产品和初始要

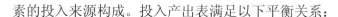

素的投入来源构成。投入产出表满足以下平衡关系：

从横向来看，中间产出+最终产出−进口=总产出。

从竖向来看，中间投入+最初投入=总投入。

从总量来看，总产出=总投入，中间产出=中间投入，最终产出=最初投入。

### 3.1.3　环境投入产出理论及应用

自 1970 年开始，一批著名的投入产出研究者，如 Leontief、Hetteling 等将研究视角转移到经济发展带来的资源环境问题，并构建了嵌入环境数据的投入产出表和相关模型。例如，Cumberland（1966）通过对环境、效益和成本的比较把经济与环境的相互作用结合起来。Isard（1969）构建了一种较为通用的投入产出分析框架，从而将生态环境纳入经济系统中分析。Leontief（1973，1974）在原有经济投入产出表基础上进行了拓展，将污染物消除部门作为单独部门纳入国民经济行业生产中，将污染物的排放作为额外的产品构建了实物与价值的混合型投入产出表，进而分析污染控制措施对产业结构以及产品价格带来的影响和经济代价。随后，污染排放与资源消耗相关的投入产出模型逐渐增多，逐渐成为全球研究经济与环境问题的重要工具和手段（Lee，1982；Tamura and Ishida，1985；Schäfer and Stahmer，1989）。

从国内来看，20 世纪 80 年代后，国内学者在参照 Leontief 相关研究基础上，开展了环境投入产出表的编制工作，最早编制的是天津市环境投入产出表（于仲鸣，1987）。另外，北京大学的雷明教授是我国较早开展绿色投入产出表编制的学者，探索构架了资源—环境—经济一体的投入产出核算体系，并开展了绿色 GDP 核算、环境税费、能源核算等相关研究（雷明，1996a，1996b，1998a，1998b）。张屹山（1985）最早将投入产出表中的环境治理费用剥离出来，从而构建模型用于测算生产活动的全部环境治理费用。李立（1994）编制了中国 1987 年环境投入产出表，将 $SO_2$ 排放数据嵌入表中，测算了各国民经济部门的 $SO_2$ 的直接产生系数和完全产生系数。薛伟（1996）以天津 1982 年投入产出表为例，将环境治理费用从其他费用中分离出来，构建了经济总产值与环保治理费用的直接和间接的定量关系。李林红（2001）构建了嵌入污染排放和水资源消耗的昆明市环境保护投入产出表，并通过构建多目标投入产出模型模拟滇池流域实现经济发展与污染排放最少的途径。廖明球（2005）探讨了经济、资源、环境投入产出表的设计、编制与应用。蒋洪强等（2009）在构建环境经济投入产出模型基础上，针对淘汰落后产能对经济发展的影响进行了实证研究。马国霞等（2014）将污染排放数据与污染治理数据嵌入投入产出表，对中国废水、大气污染物和固体废物的污染治理单位成本和污染物治理的经济影响进行了模拟。张伟等（2015）从经济部门中拆分出环境治理部门（蒋洪强等，2013），并测算了中国"十一五"环境投入的社会经济影响。

## 3.2　多区域投入产出表和模型

目前，国外已经有多个研究团队在开发和推广全球多区域投入产出数据库，主要以 WIOD、GTAP、Eora 等 3 个多区域投入产出数据库应用最为广泛。另外，从我国国内情况来看，国家信息中心、国务院发展研究中心以及中科院地理所等研究机构也相继编制了多年我国多区域投入产出表。本研究将在梳理已有数据库特点基础上，借鉴成熟技术编制 2012 年最新年份的 30 省份多区域投入产出表。

### 3.2.1　多区域投入产出表基本结构

按照区域数量，投入产出模型一般可以分为单区域和多区域两种（Su

and Ang，2011）。多区域投入产出模型将经济活动分为多个区域，其最突出的特质是完整地将产业间和区域间经济联系衔接在一起，描述区域间各经济部门间的供应链关系以及各区域间最终产品的进出口关系。将多区域投入产出模型与资源环境数据相结合，可以揭示某区域最终产品消费所导致的其他区域资源消耗和污染排放，即基于消费的污染排放（Peters，2008）。这被广泛应用于贸易隐含的资源和环境污染转移研究中。

可以看出，多区域投入产出表与一般投入产出表的结构基本一致，但是在中间使用部分和最终使用部分涉及区域间中间品和最终品的转移，即某一区域生产的中间产品和最终产品被其他地区作为生产的中间投入或作为最终消费品使用，这也就为基于消费端核算贸易隐含的能源、资源以及污染排放提供了技术可能。

表 3-3 是一个国家或地区的多区域投入产出表（MRIOT）的基本结构。在多区域投入产出表中，假设共有 $m$ 个行政区域（省份或者国家、地区），每个行政区域内包含 $n$ 个生产部门。$r$ 和 $s$ 分别表示所有区域中的某一个区域，一般来说 $r$ 表示出发地，$s$ 表示目的地。$i$ 和 $j$ 分别表示某个区域中某一生产部门。第 I 象限中所有的值可以用 $z_{ij}^{rs}$ 表示，即从横向来看，$r$ 区域的 $i$ 部门分配到 $s$ 区域的 $j$ 部门的中间产品，用于其最终产品的生产。第 II 象限包括最终使用 $y_i^{rs}$、出口 $y_i^{re}$ 和总使用 $x_i^r$。其中 $y_i^{rs}$ 表示所有区域的 $i$ 部门生产的最终产品用于本地区和其他地区的货币价值量。$e_{ij}^{rs}$ 表示所有区域的 $i$ 部门生产的最终产品出口到国外的货币价值量（如果是包含所有国家的全球多区域投入产出表，则没有出口列）。第 III 象限包括进口 $im_j^s$、增加值 $v_j^s$、总投入 $x_j^s$，分别表示 $s$ 区域 $j$ 部门在生产过程中需要国外的中间品投入，需要劳动力、设备等投入（即增加值部分）。

可以看出，多区域投入产出表与一般投入产出表的结构基本一致，但是在中间使用部分和最终使用部分涉及区域间中间品和最终品的转移，即某一区域生产的中间产品和最终产品被其他地区作为生产的中间投入或作为最终消费品使用，这也就为基于消费端核算贸易隐含的能源、资源以及污染排放提供了技术可能。

表 3-3　多区域投入产出表结构

| 产出 / 投入 | | 中间使用 | | | | | | 最终使用 | | | 出口 | 总使用 |
|---|---|---|---|---|---|---|---|---|---|---|---|---|
| | | 区域 1 | | …… | 区域 $m$ | | | 区域 1 | …… | 区域 $m$ | | |
| | | 部门 1 | …… 部门 $n$ | …… | 部门 1 | …… | 部门 $n$ | | | | | |
| 区域 1 | 部门 1 | | | | | | | | | | | |
| | …… | | | | | | | | | | | |
| | 部门 $n$ | | | | | | | | | | | |
| …… | …… | $z_{ij}^{rs}$ | | | | | | $y_i^{rs}$ | | | $y_i^{re}$ | $x_i^r$ |
| 区域 $m$ | 部门 1 | | | | | | | | | | | |
| | …… | | | | | | | | | | | |
| | 部门 $n$ | | | | | | | | | | | |
| 进口 | | $Im_j^s$ | | | | | | | | | | |
| 增加值 | | $v_j^s$ | | | | | | | | | | |
| 总投入 | | $x_j^s$ | | | | | | | | | | |

## 3.2.2　多区域投入产出表及数据库

### 3.2.2.1　全球多区域投入产出数据库

Eora 数据库（http：//www.worldmrio.com/）是由悉尼大学综合可持续分析小组（the Integrated Sustainability Analysis group）采用连续迭代法开发的全球投入产出表（Lenzen et al.，2012）。小组成员 Manfred Lenzen 等通过高度标准化和自动化的技术，构建了一个可持续更新的、数据可靠的、具有多产业及多国投入产出数据的公开数据库。截至 2017 年，该数据库已提供了 1990—2015 年的多区域投入产出数据，涉及 187 个国家及 26 种行业。此外，该数据库还提供了各国 35 种环境指标类别（超过 1 700 个单指标的数据，包括空气污染、能源使用、水资源利用和温室气体排放等）。这些原始数据主要来源于联合国的国民经济核算体系及 COMTRADE 数据库、欧盟统计局、IDE/JETRO 和各国国家机构等（Lenzen et al.，2013）。

世界投入产出数据库（WIOD，http：//www.wiod.org/home）是由格罗宁根大学（University of Groningen）制作（Dietzenbacher et al.，2013；Timmer et al.，2015）。目前，WIOD 数据库提供了两版投入产出数据。第一版发布于 2013 年，涵盖了 1995—2011 年的世界上 40 个国家（27 个欧盟国和 13 个其他主要国家），共涉及 35 种行业。该版数据库还提供了 1995—2009 年的环境类账户（Herfet and Ajmone Marsan，2012），包括能源使用类、空气排放、土地使用、材料使用和水资源使用五大类。此外，该版本还提供了 1995—2009 年的社会经济账户，包括 25 种变量。第二版发布于 2016 年，涵盖了 2000—2014 年的全球 43 个国家（28 个欧盟国及 15 个其他主要国家），涉及 56 种行业。该版数据库尚未提供环境类账户和社会经济类账户。WIOD 数据主要来源于世界各地统计机构公布的统计数据、经合组织和联合国国民经济核算、COMTRADE 数据库和货币基金组织贸易等各种统计资料（Shetty et al.，2008）。

全球贸易分析模型（GTAP，https：//www.gtap.agecon.purdue.edu）是由美国普渡大学 Thomas Hertel 教授根据新古典经济理论设计的多国多部门应用一般均衡模型。目前，该数据库已被广泛应用于贸易政策分析。自 1990 年以来，该数据库已经发布了 9 版数据。2015 年最新发布的 GTAP 9 数据库包含了 2004 年、2007 年、2011 年 3 个年份以及 140 个地区及各国 57 种商品。除上述年份的数据之外，该数据库还发布了 1990 年（GTAP 1，

15 个区域、37 种部门）、1992 年（GTAP 3，30 个区域、37 种部门）、1995 年（GTAP 4，45 个区域、50 种部门）、1997 年（GTAP 5，66 个区域、57 种部门）和 2001 年（GTAP 6，87 个区域、57 种部门）的数据。GTAP 9 数据库所提供的卫星账户包括：GTAP-Power 数据库、GDyn 数据库、Non-$CO_2$ 数据库和土地资源利用数据库等。Peters 等构建了模型可以从 GTAP 数据库中提取数据构建成全球 MRIO 表（Peters et al.，2011；Andrew and Peters，2013），使得 GTAP 数据库成为全球环境贸易隐含转移研究的新工具。

EXIOBASE 数据库（http：//www.exiobase.eu/）是一个环境扩展型的全球多区域投入产出数据库。该数据库是由荷兰应用科学研究组织（TNO）与来自欧洲各地超过 35 个合作伙伴基于 EXIOPOL 研究项目开发而成（Tukker et al.，2013）。目前，EXIOBASE 数据库共有两版（2000 年和 2007 年）。第一版（2002 年）涵盖 44 个区域，涉及 129 种产品和行业。第二版（2007 年）涵盖 43 个国家及 5 个区域、涉及 200 种产品和 163 种行业。此外，EXIOBASE 数据库还提供了环境型卫星账户，包括大气污染排放账户、土地使用账户和能源使用账户等。该数据库的投入产出数据来源于欧盟统计局（27 国）和国家统计机构（16 国），43 个国家共占全球 GDP 的 90%（Wood et al.，2014）。

OECD 数据库（https：//data.oecd.org/）是一个独立的系统，它提供了全球各国多种数据类型，包括农业、教育、经济、金融、环境、能源等数据。OECD 编制的投入产出数据库（http：//www.oecd.org/trade/input-outputtables.htm）涵盖了 1995—2011 年的全球 62 个国家及 34 种部门组成的投入产出数据。然而，尽管 OECD 提供了多种数据类型，但目前仍然缺乏能与 OECD 编制的投入产出表高度匹配的环境类或能源类等卫星账户。

表 3-4　全球主要 MRIO 数据库比较

| 名称 | 机构和作者 | 版本 | 年份 | 部门 | 区域 | 生态环境卫星账户 |
|---|---|---|---|---|---|---|
| Eora | 悉尼大学 Manfred Lenzen | — | 1990—2015 | 26 | 187 | 35 种 |
| WIOD | 格罗宁根大学 Marcel P. Timmer | 2013 版 | 1995—2011 | 35 | 40 | 5 种 |
| | | 2016 版 | 2000—2014 | 56 | 43 | 暂无 |
| GTAP | 普渡大学 Thomas Hertel | GTAP 9 | 2004 2007 2011 | 57 | 140 | 土地利用 温室气体 能源 |
| EXIOBASE | 荷兰应用科学研究组织 | 2000 版 | 2000 | 129 | 44 | 大气污染 土地使用 能源使用 |
| | | 2007 版 | 2007 | 163 | 48 | |
| OECD | OECD 组织 | — | 1995—2011 | 34 | 62 | 暂无 |

#### 3.2.2.2　中国多区域投入产出表

中国多区域投入产出表的编制要晚于西方国家。最早的全国多区域投入产出表是国务院发展研究中心王慧炯和日本东亚经济研究中心市村真一合作编制的 1987 年中国 7 个区域 9 个部门投入产出表（市村真一和王慧炯，2007）。随着中国省级投入产出表逐渐完善，我国国家相关经济研究团队逐渐开始独立编制多区域投入产出表，如国务院发展研究中心、国家信息中心、人民大学等。目前来看，我国编制多区域投入产出表的机构主要包括国务院发展研究中心、国家信息中心、中国科学院地理所、中国科学院虚拟经济与数据科学研究中心以及中国人民大学。涵盖了 1987 年、1997 年、2002 年、2007 年、2010 年、2012 年 6 个年份。行业上从最早的 9 个部门逐渐增加到 42 个部门乃至 60 个部门，区域上从最早的 7 或 8 个区域到后期基本上包含中国 31 个省份。本研究对中国目前已经编制的多区域投入产出表进行了详细梳理，详见表 3-5。

**表 3-5　中国主要 MRIO 表统计与梳理**

| 序号 | 单位 | 作者 | 年份 | 部门 | 区域 | 模型框架 | 区域间流量估算方法 | 相关研究 |
|---|---|---|---|---|---|---|---|---|
| 1 | 国务院发展研究中心 | 市村真一、王慧炯 | 1987 | 9 部门 | 7 区域 | Chenery-Moses | 不详 | (Ichimura and Wang, 2003; 市村真一和王慧炯, 2007) |
| | | 许宪春、李善同 | 1997 | 30 部门 | 8 区域 | Chenery-Moses | 引力模型 | (许宪春和李善同, 2008) |
| | | 李善同、齐舒畅、许召元 | 2002 | 42 部门 | 30 省份 | Chenery-Moses | 引力模型 | (李善同, 2010) |
| | | 李善同 | 2007 | 42 部门 | 30 省份 | Chenery-Moses | 引力模型 交叉熵模型 | (李善同, 2016) |
| 2 | 国家信息中心 & 中科院战略研究院 | 张亚雄、赵坤、陶丽萍② | 1997 | 30 部门 | 8 区域① | Chenery-Moses | 引力模型 | (张亚雄和赵坤, 2004) |
| | | 张亚雄、赵坤、陶丽萍 | 2000 | 30 部门 | 8 区域 | Chenery-Moses | 引力模型 | (张亚雄, 2001) |
| | | 张亚雄、赵坤、陶丽萍 | 2002 | 29 部门 | 30 省份 | Chenery-Moses | 最大熵模型 | (张亚雄和赵坤, 2006; 张亚雄等, 2012; 张亚雄和齐舒畅, 2012) |
| | | 张亚雄、刘宇、李继峰 | 2007 | 29 部门 | 30 省份 | Chenery-Moses | 最大熵模型 引力模型 | (张亚雄等, 2012) |
| | | 刘宇③ | 2012 | 42 部门 | 31 省份 | Chenery-Moses | 最大熵模型 引力模型 | (姜玲等, 2017) |

① 包含东北、京津、北部沿海、中部沿海、南部沿海、中部、西北、西南。
② 2000 年多区域投入产出表是基于该机构编制的 1997 年多区域投入产出表基础上，通过 RAS 方法进行更新的。
③ 刘宇研究员原工作单位为国家信息中心，随后工作调动到中科院战略研究院。

| 序号 | 单位 | 作者 | 年份 | 部门 | 区域 | 模型框架 | 区域间流量估算方法 | 相关研究 |
|---|---|---|---|---|---|---|---|---|
| 3 | 中科院地理所&东英吉利大学 | 刘卫东等 | 2007 | 30部门 | 30省份 | Chenery-Moses | 引力模型"产业-空间"模型 | (刘卫东等, 2012; Feng et al., 2013; 李方一等, 2013; Liang et al., 2014; Jiang et al., 2015; Zhao et al., 2015; Liu and Wang, 2017; Wang et al., 2017; Zhang et al., 2017) |
| | | 刘卫东等 | 2010 | 30部门 | 30省份 | Chenery-Moses | 引力模型"产业-空间"模型 | (刘卫东等, 2014; Zhao et al., 2016; Zhao et al., 2017; Wang et al., 2018) |
| | | 米志付等 | 2012 | 30部门 | 30省份 | Chenery-Moses | 引力模型 | (Mi et al., 2017) |
| 4 | 中国科学院虚拟经济与数据科学研究中心 | 石敏俊、张卓颖等 | 2002 | 60部门 | 30省份 | Chenery-Moses | 引力模型 | (张卓颖和石敏俊, 2011; 石敏俊等, 2012; 石敏俊和张卓颖, 2012; Zhang et al., 2015; Zhang et al., 2016) |
| | | 石敏俊、张卓颖等 | 2007 | 60部门 | 30省份 | Chenery-Moses | 引力模型 | |
| 5 | 中国人民大学 | 刘强、冈本信广 | 1997 | 10部门 | 3区域 | Chenery-Moses | 引力模型回归分析 | (刘强和冈本信广, 2002) |
| | | 庞军 | 2007 | 14部门 | 12省份 | Chenery-Moses | 引力模型 | (庞军等, 2017; 庞军等, 2017) |

　　国务院发展研究中心是最早编制我国多区域投入产出表的研究机构，如上文所述，由王慧炯研究员主导编制了我国最早的 1987 年 7 个区域多区域投入产出表。随着我国投入产出表制度的不断完善，后续由李善同团队开始编制随后的 1997 年、2002 年和 2007 年多区域投入产出表。国务院发展研究中心编制多区域投入产出表主要为其构建的多区域 CGE 模型提供基础数据，但目前较少用于资源环境区域间贸易转移相关研究。

　　国家信息中心的张亚雄团队是我国较早编制多区域投入产出表的机构，并且技术更为成熟完善、连续性更强、应用较为广泛。国家信息中心团队编制的多区域投入产出表年份最全，目前总共编制了 1997 年、2000 年、2002 年、2007 年、2012 年 5 个年份表。另外在方法上，该团队在双约束引力模型上结合最大熵模型构建区域间贸易矩阵，相较于仅使用引力模型的 MRIO 表在刻画贸易矩阵方面更加准确。目前该团队多区域投入产出表较多应用于多区域 CGE 模型，近些年也逐渐应用到低碳及环境领域。

　　中科院地理所的刘卫东团队与国家统计局于 2012 年合作编制了 2007 年中国包含 30 个省份和 30 个行业的多区域投入产出表，后于 2014 年基于同样的编表技术再次编制了 2010 年多区域投入产出表。东英吉利大学的米志付博士基于相似的编表技术编制了 2012 年中国 30 个省份和 30 个行业的多区域投入产出表。总体来说，刘卫东团队编制的多区域投入产出表在研究环境领域贸易隐含转移应用较多，如大气污染转移、碳转移、虚拟水转移以及健康损失转移等。

　　中科院虚拟经济与数据科学研究中心的石敏俊团队同样也编制了 2002 年和 2007 年多区域投入产出表，也是部门最多的表，达到 60 个部门。越精细的行业部门越能够提供更加详细的行业细化结果。该团队的多区域投入产出表也相继在国内外学术期刊发表了碳转移以及虚拟水转移等环境相关的研究。

中国人民大学的刘强与日本贸易振兴会亚洲经济研究所的冈本信广在 2002 年共同编制了 1997 年中国 3 个区域 10 个部门的中国地区间投入产出表，采用引力模型估算了 3 个区域的地区间供给系数矩阵。该表编制年份较早，更多的是对编表方法的验证（刘强和冈本信广，2002）。中国人民大学环境学院庞军也编制了中国 2007 年 12 个省份 14 个部门的多区域投入产出表，并发表了相应的研究论文（庞军等，2017）。

### 3.2.3　中国 2012 年 MRIO 表编制

为了研究中国各省间的消费端大气污染排放及跨区域转移，首先需要构建 2012 年中国多区域投入产出表，编制步骤可以分为四步：

首先，将原始的 30 个省 42 个部门表处理成非竞争型投入产出表。首先需要对 2012 年全国 42 个部门和 30 个省 42 个部门投入产出表进行检查和预处理。除检查原始表的平衡关系之外，更重要的是检查各省的流入（出口）和流出（进口）是否都是分开，如何没有区分或者缺失需要进行相应的调整。然后，采用等比例的方法，将原始的 30 省 42 部门表处理成非竞争型投入产出表（Wiedmann et al.，2007；Miller and Blair，2009），即将国内使用的所有产品（含中间产品和最终产品）区分出国内产品和国外产品（Zhang，2010）。这需要在一定程度上参考全国非竞争型表的比例关系。

其次，构建区域间贸易系数矩阵。基于分省表提供的流入和流出数据，运用最大熵模型和双约束引力模型对区域间贸易矩阵进行构建。该方法既体现了引力模型的距离概念，也体现了交叉熵最小化的想法[方法细节请参考相关文献（Meng，2005；张亚雄等，2012；张亚雄和齐舒畅，2012）]。同时，运用优化迭代的求解方法进行系数测度。

再次，构建初步的 MRIO 表。这一步是使用之前的分省进口非竞争型表和区域间贸易系数，采用 Chenery-Moses 模型分块构建初步的区域间贸易矩阵（Hartwick，1970）。基本公式如下：

$$T \times \left[ x_{ij}^d \right] + T \times F^d + E = X \qquad (3\text{-}1)$$

其中，$F^d$ 为各区域的最终需求；$E$ 为各区域的出口向量；$X$ 为总产出；$\left[ x_{ij}^d \right]$ 为各区域对国内产品的直接投入矩阵；$T$ 为区域间贸易系数矩阵，由对角矩阵 $T_i^{rs}$ 组成，其对角线上的元素 $t_i^{rs}$ 为区域 $r$ 流出到区域 $s$ 的 $i$ 部门产品占区域 $s$ 该部门全部产品流入的比例，具体如下式：

$$t_i^{rs} = \frac{T_i^{rs}}{\sum_r T_i^{rs}} \qquad (3\text{-}2)$$

其中，$t_i^{rs}$ 为区域间贸易矩阵中的元素。

最后，MRIO 表的总量平衡调整。需要明确的是多区域投入产出表 30 省 42 部门加和应等于全国表的各行业值。为此，采用分块进行平衡调整的方法（RAS）进行控制（Lahr and de Mesnard，2004）。一方面，采用初始 MRIO 作为调整的初始矩阵，同时考虑到不同分块矩阵的结构和特征的差异，采用分块的方式进行分别控制；另一方面，运用全国表作为总量控制、分省的信息作为结构，来拆分出对应分块矩阵的行列控制数。最后得到中国 2012 年 30 个省份 42 个部门 MRIO 表，为了与本研究编制的大气污染物排放清单对应，将 MRIO 表 42 个部门合并成 30 个部门（具体部门名称见附表 2）。

中国 MRIO 表的不确定性主要来源于各省份投入产出表中编表过程中的不确定性以及在构建不同区域间的贸易矩阵时存在的不确定性（Wiedmann，2008；Lenzen et al.，2010；Wilting，2012）。另外，不确定性还来源于 MRIO 表中行业细化程度和区域细化程度（Tukker and Dietzenbacher，2013）。Lin et al.（2014）研究显示，中国投入产出表的不确定性相对较小，对贸易隐含的排放转移的误差贡献在10%左右。

本研究使用的 2012 年多区域投入产出表是基于各省的投入产出表编制的，各省 IO 表是由国家统计局质量把关和发布，编制误差得到合理控制。另外，我们使用的 MRIO 表的编制方法也相对科学合理，已经在 2002 年、2007 年 MIRO 表编制上得到应用（Zhang et al.，2012；Zhang and Qi，2012；Chen et al.，2015），总体来说相对可靠。

### 3.2.4 多区域投入产出基本模型

假设在一个国家或地区内划分 $m$ 个行政区域，其中 $r$ 和 $s$ 分别指代随机 2 个区域；每个行政区内有 $n$ 个国民经济部门，其中 $i$ 和 $j$ 分别指代区域内随机 2 个生产部门。那么表 3-2 可以表示为：

$$\begin{pmatrix} x^1 \\ x^2 \\ \vdots \\ x^m \end{pmatrix} = \begin{pmatrix} z^{11} & z^{12} & \cdots & z^{1m} \\ z^{21} & z^{22} & \cdots & z^{2m} \\ \vdots & \vdots & \ddots & \vdots \\ z^{m1} & z^{m2} & \cdots & z^{mm} \end{pmatrix} + \begin{pmatrix} y^{11} & y^{12} & \cdots & y^{1m} \\ y^{21} & y^{22} & \cdots & y^{2m} \\ \vdots & \vdots & \ddots & \vdots \\ y^{m1} & y^{m2} & \cdots & y^{mm} \end{pmatrix} + \begin{pmatrix} y^{e1} \\ y^{e2} \\ \vdots \\ y^{em} \end{pmatrix} \quad (3\text{-}3)$$

那么根据多区域投入产出表的行向平衡关系，可以得到：

$$x_i^r = \sum_{s=1}^{m}\sum_{j}^{n} z_{ij}^{rs} + \sum_{s}^{m} y_i^{rs} + ex_i^r \quad (3\text{-}4)$$

其中，$x_i^r$ 表示 $r$ 区域中 $i$ 部门的总产出，为 $mn\times1$ 列矩阵；$z_{ij}^{rs}$ 表示 $s$ 区域第 $j$ 部门使用 $r$ 区域 $i$ 部门的产出用于生产本行业产品的中间投入，为 $mn\times mn$ 矩阵；$y_i^{rs}$ 表示 $r$ 区域 $i$ 部门生产的最终产品作为 $s$ 区域最终消费或使用的价值量，为 $mn \times n$ 矩阵。$ex_i^r$ 表示 $r$ 区域 $i$ 部门生产的最终产品用于出口其他国家或地区的价值量，为 $mn \times 1$ 列向量。

令 $a_{ij}^{rs} = z_{ij}^{rs}/x_j^s$ 表示直接消耗系数（Miller and Blair，2009），则上式可以写成：

$$x_i^r = \sum_s \sum_j a_{ij}^{rs} x_j^s + \sum_s y_i^{rs} + ex_i^r \qquad (3\text{-}5)$$

为了规范统一，本研究公式中矩阵用大写英文字母表示，向量则用小写加粗的英文字母表示。那么上式可以表示为：

$$\boldsymbol{x} = A\boldsymbol{x} + \boldsymbol{y}^d + \boldsymbol{y}^e \qquad (3\text{-}6)$$

或

$$\boldsymbol{x} = (I - A)^{-1} \times (\boldsymbol{y}^d + \boldsymbol{y}^e) \qquad (3\text{-}7)$$

其中，向量 $\boldsymbol{x} = (x_i^r)$ 表示总产出；向量 $\boldsymbol{y}^d = (\sum_s y_i^{rs})$ 表示国内最终产品消耗总量；向量 $\boldsymbol{y}^e = (ex_i^r)$ 表示出口总量。$I$ 为单位矩阵，$(I - A)^{-1}$ 为列昂惕夫逆矩阵，表示 $r$ 地区 $i$ 部门用于满足 $s$ 地区 $j$ 部门生产 1 单位最终产品的中间产品的价值量。

## 3.3　中国2012年大气污染物排放清单

本研究所使用的 2012 年中国大气污染物排放清单（在第 6 章中将使用污染物产生量清单[①]），包含 30 个省市的 30 个国民经济行业（行业名称与 MRIO 表一致）的 3 种污染物（$SO_2$、$NO_x$ 和 PM）。清单数据从行业角度可以分为五大类：工业、交通、农业、建筑业以及服务业。其中，工业

---

[①] 污染物产生量是指产品生产过程中产生的污染物的数量，而经过脱硫、脱硝、除尘等设施去除后，排放到大气中的是污染物排放量。其中，工业行业污染物产生量=排放量+去除量；其他行业由于较少安装治理手段，其产生量一般约等于其排放量。

行业和交通仓储行业的排放数据来源于 2012 年中国环境统计数据库，包含 147 996 个重点工业污染源和所有 337 个地级城市的各种类型车辆所有污染物（含 $SO_2$、$NO_x$ 和烟粉尘）的产排量信息。农业、建筑业、批发零售餐饮住宿和其他服务业的大气污染物产生量数据则采用系数法核算得到，具体是根据 2012 年《中国能源统计年鉴》（国家统计局能源统计司，2013）中各省市 9 种类型能源消耗数据乘以大气污染物排放因子得到（第一次污染源普查技术报告，2008）。本研究最终获得了中国 30 个省份 30 个部门的 $SO_2$、$NO_x$ 和 PM 排放清单。限于篇幅，本研究将部分行业合并后在附表中列出（详见附表 4～附表 7）。

### 3.3.1 工业源排放清单

一般来说，在对工业点源进行统计时一般将工业企业分为重点源和非重点源，重点源就是企业规模大，污染排放大的企业；而非重点源即工业企业规模较小或污染排放较小的企业。其中，重点源和非重点源并非与企业规模和产值为准，重点源企业中也包含排放量大、产值或规模小的企业，同样，那些规模较大但不属于污染型行业的企业（如电子电器、服装加工等）也会纳入非重点源。2012 年环境统计数据库主要统计了每个重点源企业的排放情况，而非重点源则通过一个行政区该行业产值进行估算获得，最小估算单位为区县尺度。根据历年统计，各地区重点源企业的污染物排放数据（主要为水污染物和大气污染物）基本为地区总排放量的 80%～90%，非重点源基本占到 10%～20%。但是，这个系数并非绝对值，各省该系数值并不完全相同，另外，非重点源排放数据不分行业，因此，无法获得分行业的非重点源排放数据。

环境保护部在 2008 年进行了第一次污染源普查，并得到第一次污染源普查数据库（以下简称污普数据库），普查数据基准年份为 2007 年。污普数据库总共包含 593 万个排放点源，即 158 万家工业企业、290 万农业源和 145 万家居民排放数据以及 4 800 多个集中排放设施的排放数据（第一次污染源普查技术报告，2011；Wang et al.，2014）。也就是说，污普数据中包含了所有重点源和非重点源工业企业的排放数据。本研究解决思路是基于 2007 年污普数据测算出 2012 年 30 个省份 30 个行业排放数据。首先，基于污普数据库汇总出 2007 年每个省份每个工业行业的非重点源排放量。假设 2012 年某省份某行业非重点源大气污染排放量所占该省份非重点源大气污染物排放总量的比重与 2007 年一样[①]，那么就可以估算出中国 2012 年该省份该行业非重点源工业行业的排放量。具体测算方法如下：

$$\overset{2012}{G_i^r} = \frac{\overset{2012}{G^r} \times \overset{2007}{G_i^r}}{\overset{2007}{G^r}} \tag{3-8}$$

其中，$\overset{2012}{G_i^r}$ 表示 2012 年区域 $r$ 的 $i$ 行业非重点源大气污染物排放量；$\overset{2012}{G^r}$ 表示 2012 年区域 $r$ 的所有非重点源大气污染物排放量（环境统计数据库中的估算数据）；$\overset{2007}{G_i^r}$ 和 $\overset{2007}{G^r}$ 分别表示 2007 年污普数据库中区域 $r$ 的 $i$ 行业的非重点源大气污染物排放量和区域 $r$ 非重点源大气污染物总排放量。

### 3.3.2　交通源排放清单

交通行业的大气污染物排放数据包含了各省不同类型机动车的 $NO_x$ 和 PM 的排放数据，来源于中国环境统计数据库。机动车类型见表 3-6。可以看出，中国环境统计数据库包含了所有机动车类型，而并没有区分私家车和营运类车辆。然而，在投入产出表中的交通运输行业应该仅包含营

---

① 这个假设并不十分合理，因为 5 年间非重点源比重会出现一定变化，但是限于数据缺失，这样假设是当前情况下的最合理方式。

运类车辆，即提供交通运输服务，产生价值和利润的运输行为。因此，我们认为交通运输行业的排放应该包含所有类型的货车、大中型客车以及小型车中的出租车。需要将仅为居民使用的私家车的排放数据剔除。其具体计算公式如下：

$$E_{traffic}^{k} = E_{truck}^{k} + E_{bus}^{k} + E_{taxi}^{k} \qquad (3-9)$$

其中，$E_{traffic}^{k}$ 表示交通运输行业的第 $k$ 种污染物排放量，$E_{truck}^{k}$、$E_{bus}^{k}$ 和 $E_{taxi}^{k}$ 分别表示货车、客车和出租车的第 $k$ 种污染物排放量。其中出租车的排放数据需要从小型汽车中挑选出来，具体方法如下式所示：

$$E_{taxi}^{k} = E_{smallcar}^{k} \times \frac{N_{taxi} \times t_{taxi}}{N_{taxi} \times t_{taxi} + N_{private} \times t_{private}} \qquad (3-10)$$

其中，$E_{smallcar}^{k}$ 表示小型车第 $k$ 种污染物的排放量，数据来源于环境统计数据库；$N_{taxi}$ 和 $N_{private}$ 分别是出租车和私家车的保有量，数据分别来源于《中国统计年鉴》（National Bureau of Statistics，2013）和《中国交通运输统计年鉴》（Ministry of Transport of China，2013）；$t_{taxi}$ 和 $t_{private}$ 分别代表出租车和私家车的年均里程，数据来源于中国交通运输统计年鉴。

表 3-6　环境统计数据库中的机动车类型划分

| 类型 | 型号 | 是否营运 |
|---|---|---|
| 载货 | 微型 | 营运 |
| | 轻型 | 营运 |
| | 中型 | 营运 |
| | 重型 | 营运 |
| 载客 | 中型 | 营运 |
| | 大型 | 营运 |
| | 小型 | 营运+私人 |
| | 微型 | 私人 |
| 其他 | 三轮汽车及低速载货汽车 | 私人 |
| | 摩托车 | 私人 |

### 3.3.3　农业、建筑业和服务业排放清单

考虑到农业、建筑业和服务业大气污染物排放主要以化石能源燃烧排放为主，基本不存在治理设施，因此每个省份的上述行业排放则根据各类能源消费数据及其污染物排放因子获得，计算公式如下：

$$E_s^k = \sum_e C_{se} \times P_{se}^k \qquad (3\text{-}11)$$

其中，$C_{se}$ 表示每个省份 $s$ 行业 $e$ 类能源的消费量，数据来源于《中国能源统计年鉴》（National Bureau of Statistics，2013）；$P_{se}^k$ 表示每个省份 $s$ 行业 $e$ 类能源排放的 $k$ 类污染物的排放因子，即单位能源消耗量的污染物排放量，数据来源于第一次污染源普查技术报告（第一次污染源普查技术报告，2011）及相关文献研究（Tian et al.，2001）。各类型能源的污染物排放系数见表 3-7～表 3-9。

表 3-7　各省市商品煤含硫率及 $SO_2$ 排放系数

| 省份 | 商品煤含硫率/% | $SO_2$ 产污系数/（kg/t） | 省份 | 商品煤含硫率/% | $SO_2$ 产污系数/（kg/t） |
|---|---|---|---|---|---|
| 北京 | 0.92 | 1.6 | 河南 | 1.18 | 1.6 |
| 天津 | 0.92 | 1.6 | 湖北 | 1.18 | 1.6 |
| 河北 | 0.92 | 1.6 | 湖南 | 1.18 | 1.6 |
| 山西 | 0.92 | 1.6 | 广东 | 1.18 | 1.6 |
| 内蒙古 | 0.92 | 1.6 | 广西 | 1.18 | 1.6 |
| 辽宁 | 0.54 | 1.6 | 海南 | 1.18 | 1.6 |
| 吉林 | 0.54 | 1.6 | 重庆 | 2.13 | 1.6 |
| 黑龙江 | 0.54 | 1.6 | 四川 | 2.13 | 1.6 |
| 上海 | 1.12 | 1.6 | 贵州 | 2.13 | 1.6 |
| 江苏 | 1.12 | 1.6 | 云南 | 2.13 | 1.6 |
| 浙江 | 1.12 | 1.6 | 陕西 | 1.42 | 1.6 |
| 安徽 | 1.12 | 1.6 | 甘肃 | 1.42 | 1.6 |
| 福建 | 1.12 | 1.6 | 青海 | 1.42 | 1.6 |
| 江西 | 1.12 | 1.6 | 宁夏 | 1.42 | 1.6 |
| 山东 | 1.12 | 1.6 | 新疆 | 1.42 | 1.6 |

表 3-8　能源烟尘排放系数

| 燃料类型 | 原煤 | 燃料油 |
|---|---|---|
| 排放系数/（kg/t） | 9 | 1.18 |

表 3-9　分行业不同能源类型的 $NO_x$ 排放系数

| 排放源 | 建筑业 | 服务业 | 居民生活消费 |
|---|---|---|---|
| 煤/（kg/t） | 7.5 | 3.75 | 1.88 |
| 焦炭/（kg/t） | 9 | 4.5 | 2.25 |
| 原油/（kg/t） | — | 3.05 | 1.7 |
| 汽油/（kg/t） | 16.7 | 16.7 | 16.7 |
| 煤油/（kg/t） | 7.46 | 4.48 | 2.49 |
| 柴油/（kg/t） | 9.62 | 5.77 | 3.21 |
| 燃料油/（kg/t） | 5.84 | 3.5 | 1.95 |
| 液化石油气/（kg/t） | 2.63 | 1.58 | 0.88 |
| 炼厂干气/（kg/t） | 0.53 | 0.32 | 0.18 |
| 天然气/（$10^{-4}$ kg/m³） | 20.85 | 14.62 | 14.62 |
| 煤气/（$10^{-4}$ kg/m³） | — | 7.36 | 7.36 |

注：资料来源于文献（田贺忠等，2001）。

### 3.3.4　排放清单的不确定性分析

由于对活动水平、技术分布以及排放因子等因素的不充分了解，自下而上的排放清单往往存在一定不确定性（Zhao et al.，2017）。以往的研究显示，中国的 $SO_2$、$NO_x$、$PM_{2.5}$、黑炭（Black Carbon，BC）以及有机物（OC）的排放清单分别存在 $-14\% \sim 13\%$，$-13\% \sim 37\%$，$-17\% \sim 54\%$，$-25\% \sim 136\%$ 以及 $-40\% \sim 121\%$ 的误差范围（Zhao et al.，2011）。本研究使

用的排放清单主要是官方统计数据，同时也包括基于能源消耗和排放因子的估算数据。因此，我们的清单与国外 GAINS、EDGAR、REAS 等以估算为主的排放清单以及其他研究所估算的清单存在较大差异（Su et al.，2011；Xia et al.，2016）。中国环境统计数据库由各地方环保部门依据企业排放信息填报，中国环境监测总站对所有地方的企业环境统计信息进行汇总最终形成。对工业企业的环境信息统计主要以重点污染源为主，这些污染源的排放总量大概占到所有污染排放总量的90%。另外，针对没有统计到的机动车及非重点排放污染源（一般以小企业或非污染行业的企业为主），则根据机动车保有量和行驶里程估算机动车污染排放；根据能源消耗以及排放系数估算其他非重点排放源污染排放。最终，中国环境监测总站将建立当年中国环境统计数据库，并将数据按照地区和行业分别汇总，编制出版《中国环境统计年报》。

我们比较了 2007 年的中国环境统计数据库和第一次污染普查数据库中 $SO_2$、$NO_x$ 和 PM 的排放量（表 3-10），结果显示，中国环境统计数据库中的 $SO_2$ 排放量较第一次污染普查数据库仅多了 6.4%，尤其是与工业排放源数据基本相当；环境统计数据库的居民消费排放量比第一次污染普查数据库多了 65%。另外，环境统计数据库中的 $NO_x$ 和 PM 排放数据比第一次污染普查数据库分别少了 8.5% 和 15.3%。总体来看，环境统计数据库与第一次污染普查数据库排放数据有一定差异，但并不显著。自 2009 年以后，环保部根据第一次污染普查数据库中的详细数据对后续每年的污染普查数据进行校准，相应的统计经验和排放因子都促进了"十二五"期间环境统计数据库数据质量。无论是第一次污染源普查数据，还是 2009 年之后的环境统计数据都遵循严格的数据质量控制规格和流程，共有 9 个技术规范和 5 个技术流程用于数据收集。

表 3-10　环境统计数据库与第一次污染普查数据库对比

| 行业 | 数据源 | 2007 年排放量/Tg | | |
|---|---|---|---|---|
| | | SO$_2$ | NO$_x$ | PM |
| 工业 | 环境统计 | 21.4 | 12.6 | 14.7 |
| | 污染普查 | 21.2 | 11.9 | 17.5 |
| | 环境统计/污染普查 | 101% | 106% | 84% |
| 居民和机动车 | 环境统计 | 3.3 | 3.8 | 2.2 |
| | 污染普查 | 2.0 | 6.1 | 2.4 |
| | 环境统计/污染普查 | 165% | 63% | 89% |
| 排放总量 | 环境统计 | 24.7 | 16.4 | 16.9 |
| | 污染普查 | 23.2 | 18 | 19.9 |
| | 环境统计/污染普查 | 106% | 91% | 85% |

　　同时，我们将本研究使用的排放清单与现有研究中的排放清单进行了比较。本研究编制的 2012 年大气污染物排放清单中 SO$_2$、NO$_x$ 和 PM 排放量分别为 25.5 Tg、25.4 Tg 和 14.8 Tg，其中，工业源是主要排放源，约占全国 SO$_2$、NO$_x$ 和 PM 总排放量的 75%、65% 和 69%。由于目前主流排放数据库（GAINS、EDGAR、REAS 和 MEIC）均缺乏 2012 年的排放数据，因此本研究与已有 2012 年排放数据清单的研究进行比较（Shi et al.，2014；Xia et al.，2016）。结果显示，本研究清单中的 2012 年 SO$_2$ 排放量与 Xie et al.（2016）的估算基本相当；NO$_x$ 排放量与 Shi et al.（2016）的估算基本相当，相当于 Xie et al.（2016）估算的 86%～89%。

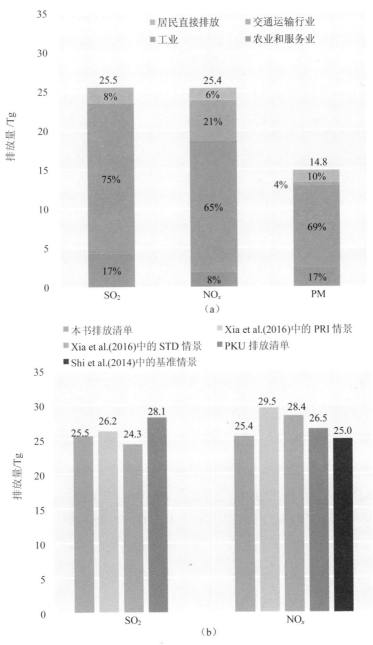

图 3-1 本研究所使用 2012 年排放清单及已有排放清单比较

第一次污染普查数据和环境统计数据已经被广泛应用在已有研究中（Xue et al.，2013；Wang et al.，2014；Zhang et al.，2015；Cai et al.，2016；Liang et al.，2017），得到了国内外学者的认可。另外，卫星监测也间接印证了中国环境统计数据的可靠性（Xia et al.，2016）。综上所述，本研究所使用的基于环境统计数据库的排放清单是目前能够获得的最为可靠的数据源。

### 3.3.5 大气污染当量转换

1982 年，国家环保局在开始针对大气污染物、水污染物以及固体废物建立了排污收费制度。在设计收费依据之初，考虑到水污染物、大气污染物以及固体废物和噪声污染存在较大差异和一定共性。因此如果将所有污染物纳入排污费征收，这需要针对每种污染物确定不同的收费标准，这在实际操作中将十分烦琐与复杂，不利于基层排污费征收工作的普及开展。为此，国家环保局本着简单、科学、可操作的原则，采用归一化思路将不同污染物转换为一种可衡量的收费基准值，也就是污染物当量法。

污染当量是依据各种污染物对生态环境的有害程度、对生物体的毒性以及处理的技术经济性，规定有关污染物或污染排放活动相对数量的一种关系，是有害当量、毒性当量和费用当量三者相结合的一种综合当量。例如，定义 1 个污染当量=1 g 汞=17 kg COD=10 $m^3$ 生活污水，那么就可以认为 1 g 汞、17 kg COD 或 10 $m^3$ 生活污水排放所产生的污染危害和相应的处理费用是基本相等或等值的，那么可以将上述污染物转换为污染当量，只需要制定 1 个污染当量的排污费征收标准，就可以对上述不同的污染物开展污染费征收工作（Yang and Wang，1998）。

借鉴上述排污收费污染当量以及二氧化碳当量的概念，本研究将三种主要大气污染物依据排污收费当量转换为一个新的指标"大气污染当量"，具体转换公式如下：

$$APE_i = \frac{E_i}{R_i} \qquad\qquad (3-12)$$

其中，$i$ 表示污染物类型，包括 $SO_2$、$NO_x$ 和 PM（进一步分为烟尘和粉尘）；$E_i$ 表示第 $i$ 种污染物的排放量；$R_i$ 分别表示污染物 $i$ 的转换系数。

表 3-11 是三种大气污染物与大气污染当量的转换系数，来源于中华人民共和国环境保护税法（State Development Planning Commission et al.，2003）。换句话说，基于每种污染物对环境质量和公众健康的影响程度，每千克的 APE 分别相当于 0.95 kg、0.95 kg、2.18 kg 和 4 kg 的 $SO_2$、$NO_x$、烟尘和粉尘。可以看出，$SO_2$、$NO_x$ 对环境质量的影响要高于烟尘和粉尘，已有研究也支撑了这一观点，例如有研究显示，中国东部的 $PM_{2.5}$ 成分中，硫酸盐、硝酸盐以及氨占到了 40%～57%（Yang et al.，2011）；$SO_2$ 也被证明是 $PM_{2.5}$ 的主要成分，并对心脏类疾病致死影响最大（Thurston et al.，2016）。

表 3-11　APE 与四种污染物转换系数

| 污染物名称 | | 转换系数 |
| --- | --- | --- |
| $SO_2$ | | 0.95 |
| $NO_x$ | | 0.95 |
| PM | 烟尘 | 2.18 |
| | 粉尘 | 4 |

## 3.4　本章小结

1）本章在介绍了多区域投入产出表的基本结构和理论基础上，以中国 2012 年 30 个省份单独的 42 个部门货币投入产出表为基础数据，基于

63

Chenery-Moses 框架，采用最大熵模型和引力模型编制区域间贸易矩阵，最终完成了 2012 年中国 30 个省份多区域投入产出表，并与大气污染物排放清单共同构建环境多区域投入产出模型。

2）本章基于中国环境统计数据和排放因子估算，编制了中国 2012 年包含 $SO_2$、$NO_x$ 和 PM 在内的大气污染物排放清单，该清单可以细化为 30 个省份和 30 个国民经济行业。根据统计显示，中国 2012 年大气污染物排放清单中 $SO_2$、$NO_x$ 和 PM 排放量分别为 25.5 Tg、25.4 Tg 和 14.8 Tg，其中，工业源是主要排放源，约占全国 $SO_2$、$NO_x$ 和 PM 总排放量的 75%、65% 和 69%。在与现有研究中的排放清单进行比较之后，我们发现本研究所使用的基于环境统计数据库的排放清单是目前能够获得的最为可靠的数据源。

3）本章借鉴排污收费污染当量理念以及二氧化碳当量的概念，本研究依据排污收费当量转换系数将三种主要大气污染物（$SO_2$、$NO_x$ 和 PM）转换为一个新的指标——"大气污染当量"（Atmospheric Pollutant Equivalents，APE），从而将三种大气污染物加总后总体表征大气污染排放水平。

# 第4章　中国省际大气污染转移及公平性分析

## 4.1　研究背景

中国目前正遭受严重的区域性空气污染。快速城市化、以重化工为特征的产业发展模式以及以煤炭为主的能源结构，形成了中国以 $PM_{2.5}$ 为特征的复合型大气污染（Chan and Yao，2008；Liu and Diamond，2008；Guan et al.，2014；Pui et al.，2014）。治理区域性空气污染需要区域间开展合作。中国政府在《大气污染防治行动计划（2012—2017）》（State Council of China，2013）中提出空气污染治理的区域联防联控政策来实现这一目标。但实际效果并不乐观，原因在于没有合理明确污染区域内各行政区的空气污染治理的责任，即谁应该承担更多大气污染减排责任。

在大气污染减排责任划定时需要考虑隐含于贸易中的污染转移。以往中国政府污染减排责任划定（如中国污染物总量减排政策，Ge et al.，2009）主要是从生产者角度来分配，即本地区生产过程中直接排放的污染越多，则需要减少的污染物排放越多。一些研究提出要根据消费的商品来核算污染物排放，并认定减排责任，即消费者责任原则（Munksgaard and Pedersen，2001；Lenzen et al.，2007；Peters，2008）。将贸易商品的污染排放完全归于该商品消费者也并不合理。因为忽视了商品贸易过程中同样存在经济的隐含转移，即生产污染密集型产品虽然造成了本地污染加重，但是同样在出售商品过程中获得经济收入。因此，需要在分析省际商品贸易隐含的大气污染转移的同时，进一步分析隐含的经济利益转移以及存在的环境不公平问题，这将为制定合理的区域大气污染协同减排政策提供科学依据。

已有研究主要集中在测算中国省际贸易隐含的大气污染转移（李方一等，2013；Zhao et al.，2015；Liu and Wang，2017；吴乐英等，2017），而忽视了贸易中隐含的经济福利转移，如污染密集产品（火电、钢铁等）生产区域虽然承担了大气污染排放，但是也相应拉动了本地经济增长、增加了就业。因此，本章将上述省际贸易隐含的污染转移和经济利益转移同时考虑，识别中国所有省份间贸易过程中哪些省份承担了更多污染排放，哪些省份获得了更多的经济利益。同时，为了更加直观地表征各省级之间贸易过程中的环境不公平，本章将构建一个环境不公平指数（REI）来具体表征省际间贸易的不公平程度。

## 4.2　模型构建

### 4.2.1　环境多区域投入产出基本模型

令 $\boldsymbol{f} = \left(f_i^r\right)_{mn \times 1}$ 表示分行业的大气污染排放强度系数列向量；$f_i^r = e_i^r / x_i^r$，$e_i^r$ 表示 $r$ 地区 $i$ 部门大气污染物排放量（如 $SO_2$、$NO_x$ 和 PM）。

令 $\boldsymbol{d} = \left(d_i^r\right)_{mn \times 1}$ 表示分行业的增加值系数列向量；$d_i^r = v_i^r / x_i^r$，其中 $v_i^r$ 表示

$r$ 地区 $i$ 部门增加值，那么 $d_i^r$ 表示 $r$ 地区 $i$ 部门每单位总产出的增加值。

由于本章中仅考虑国内贸易，那么将第 3 章式（3-4）和式（3-5）中表示出口的 $y^e$ 移除，则可以得到：

$$E_d = \hat{f} \times (I - A)^{-1} \times y^d \qquad (4\text{-}1)$$

$$V_d = \hat{d} \times (I - A)^{-1} \times y^d \qquad (4\text{-}2)$$

式中，符号 ^ 表示对角矩阵，$E_d$ 表示由于国内最终产品消耗通过国内产业链导致全国各地区的污染物排放总量；$V_d$ 表示由于国内最终产品消耗通过国内产业链为全国各地区增加值的增长量。

### 4.2.2　生产端与消费端大气污染排放核算

令 $\hat{y}^s$ 表示 $s$ 区域的最终产品消耗量的对角矩阵，其消耗的最终产品既包括本地生产的，也包括其他地区供给的；令 $\hat{y}^r$ 表示 $r$ 区域的最终产品消耗量的对角矩阵，其消耗的最终产品既包括本地生产的，也包括其他地区供给的。那么就有：

$$E^{rs} = \hat{f}^r (I - A)^{-1} \hat{y}^s \qquad (4\text{-}3)$$

$$E^{sr} = \hat{f}^s (I - A)^{-1} \hat{y}^r \qquad (4\text{-}4)$$

$$E_{net}^{rs} = E^{rs} - E^{sr} \qquad (4\text{-}5)$$

式中，$\hat{f}^r$ 和 $\hat{f}^s$ 分别表示区域 $r$ 和区域 $s$ 的排放强度系数，即该对角矩阵中仅有区域 $r$ 或区域 $s$ 的强度系数，其他地区的强度系数均为 0；则 $E^{rs}$ 表示由于区域 $s$ 对所有地区的最终产品消费通过产业链导致区域 $r$ 的大气污染物排放量，在本研究中定义为区域 $s$ 到区域 $r$ 的贸易隐含大气污染物流量（trade-embodied flows of APE emissions）；$E^{sr}$ 表示由于区域 $r$ 对所有地区的最终产品消费通过产业链导致区域 $s$ 的大气污染物排放量；$E_{net}^{rs}$ 表

示任意区域 $r$ 与区域 $s$ 贸易隐含大气污染物净流量，如果 $E_{net}^{rs}>0$，表明大气污染物从区域 $r$ 净流入到了区域 $s$；如果 $E_{net}^{rs}<0$，则表明大气污染物从区域 $s$ 净转移到了区域 $r$。

$$E_{\mathrm{p}}^{r} = \sum_{s=1}^{m} \hat{f}^{r}(I-A)^{-1}\hat{y}^{s} \tag{4-6}$$

$$E_{\mathrm{c}}^{r} = \sum_{s=1}^{m} \hat{f}^{s}(I-A)^{-1}\hat{y}^{r} \tag{4-7}$$

式中，$E_{\mathrm{p}}^{r}$（下角 p=production）表示 $m$ 个区域（包含区域 $r$）的国内消费导致的发生在区域 $r$ 内的大气污染排放总量，在本研究中称为区域 $r$ 的生产端大气污染物排放；$E_{\mathrm{c}}^{r}$（下角 c=consumption）表示由于区域 $r$ 消费了 $m$ 个区域（包含区域 $r$）生产的最终商品或服务导致 $m$ 个区域内排放的大气污染物总量，在本研究中称为区域 $r$ 的消费端大气污染物排放。

### 4.2.3 生产端与消费端 GDP 核算

参照式（4-3）、式（4-4），同样可以计算出区域间的贸易隐含的增加值的转移。其具体如下所示：

$$VA^{rs} = \hat{d}^{r}(I-A)^{-1}\hat{y}^{s} \tag{4-8}$$

$$VA^{sr} = \hat{d}^{s}(I-A)^{-1}\hat{y}^{r} \tag{4-9}$$

$$VA_{\mathrm{net}}^{rs} = VA^{rs} - VA^{sr} \tag{4-10}$$

式中，$\hat{d}^{r}$ 和 $\hat{d}^{s}$ 分别表示区域 $r$ 和区域 $s$ 的增加值系数，即该对角矩阵中仅有区域 $r$ 或区域 $s$ 的增加值系数，其他地区的增加值系数均为 0；则 $VA^{rs}$ 表示区域 $s$ 对所有地区的最终产品消费通过产业链对区域 $r$ 的增加值拉动，在本研究中定义为区域 $s$ 到区域 $r$ 的贸易隐含增加值转移（trade-embodied transfers of GDP）；$VA^{sr}$ 表示区域 $r$ 对所有地区的最终产品消费通过产业链对区域 $s$ 的增加值拉动，在本研究中定义为区域 $r$ 到区域

$s$ 的贸易隐含增加值转移; $VA_{\mathrm{net}}^{rs}$ 表示区域 $r$ 与区域 $s$ 贸易隐含增加值净转移, 如果 $VA_{\mathrm{net}}^{rs} > 0$, 表明增加值从区域 $r$ 净转移到了区域 $s$; 如果 $VA_{\mathrm{net}}^{rs} < 0$, 则表明大气污染物从区域 $s$ 净转移到了区域 $r$。

$$VA_{\mathrm{p}}^{r} = \sum_{s=1}^{m} \hat{d}^{r} (I - A)^{-1} \hat{y}^{s} \qquad (4\text{-}11)$$

$$VA_{\mathrm{c}}^{r} = \sum_{s=1}^{m} \hat{d}^{s} (I - A)^{-1} \hat{y}^{r} \qquad (4\text{-}12)$$

式中, $VA_{\mathrm{p}}^{r}$ (下角 p=production) 表示 $m$ 个区域 (包含区域 $r$) 的国内消费对区域 $r$ 的增加值拉动, 在本研究中称为区域 $r$ 的生产端增加值 (或 GDP); $VA_{\mathrm{c}}^{r}$ (下角 c=consumption) 表示区域 $r$ 消费 $m$ 个区域 (包含区域 $r$) 生产的最终商品或服务对 $m$ 个区域的增加值拉动, 在本研究中称为区域 $r$ 的消费端增加值 (或 GDP)。

### 4.2.4　区域环境不公平指数（REI 指数）

评价 $m$ 个区域之间贸易引发的大气污染转移的公平问题, 需要考虑在省际贸易中是否存在相应的 GDP 转移作为补偿。本章构建了区域环境不公平指数 (REI index), 具体如下所示:

$$q^{rs} = \begin{cases} \dfrac{E_{\mathrm{net}}^{rs} / VA_{\mathrm{net}}^{rs} - m_1}{M_1 - m_1}, & \text{if } E_{\mathrm{net}}^{rs} > 0 \text{ and } VA_{\mathrm{net}}^{rs} > 0 \\[3mm] \dfrac{E_{\mathrm{net}}^{rs} - m_2}{M_2 - m_2} + \dfrac{\left| VA_{\mathrm{net}}^{rs} \right| - m_3}{M_3 - m_3} + 1, & \text{if } E_{\mathrm{net}}^{rs} > 0 \text{ and } VA_{\mathrm{net}}^{rs} < 0 \end{cases} \qquad (4\text{-}13)$$

其中, $\left| VA_{\mathrm{net}}^{rs} \right|$ 表示区域 $r$ 与 $s$ 之间增加值净转移的绝对值。$m_1$、$m_2$、

$m_3$ 分别表示所有 $E_{\mathrm{net}}^{rs} / VA_{\mathrm{net}}^{rs}$、$E_{\mathrm{net}}^{rs}$ 和 $\left| VA_{\mathrm{net}}^{rs} \right|$ 中的最小值; $M_1$、$M_2$、$M_3$ 分别表

示所有 $E_{net}^{rs}/VA_{net}^{rs}$、$E_{net}^{rs}$ 和 $|VA_{net}^{rs}|$ 中的最大值。式（4-13）表示当任意两个区域 $r$ 与区域 $s$ 之间的大气污染物净转移 $E_{net}^{rs}$ 和增加值净转移 $VA_{net}^{rs}$ 均为正值时（也就是说转移方向一致），上述两个净转移的比值 $E_{net}^{rs}/VA_{net}^{rs}$ 将被归一化为 0 到 1。也就是说大气污染物净转移越大、增加值净转移越小，则区域间贸易中隐含的不公平性越大。当任意两个区域 $r$ 与区域 $s$ 之间的大气污染物净转移 $E_{net}^{rs}$ 为正值，但增加值净转移 $VA_{net}^{rs}$ 均为负值时（也就是说转移方向不一致），说明区域 $r$ 向区域 $s$ 转移大气污染物的同时，反而从区域 $s$ 获得了增加值。那么上述两个净转移将分别归一化为 0 到 1 并相加。另外，这种情形说明不公平性更严重，在原有基础上再加 1 来表征其严重性。需要说明的是，REI 指数反映的是所有区域与区域之间环境不公平的相对严重性，值越高代表越不公平。

## 4.3 结果分析

### 4.3.1 中国八大区域消费端核算的 APE 排放与 GDP 收益

2012 年，中国基于消费端核算的 APE 排放总共为 43 Tg（相当于 $SO_2$ 排放 18.4 Tg，$NO_x$ 排放 18.4 Tg 和 PM 排放 10.6 Tg），占中国 APE 排放的 72%左右（分别占 $SO_2$、$NO_x$ 和 PM 排放总量的 72%、73%和 71%）。剩余的部分是中国出口国外产品中产生的污染排放。其中，约 48%（20.4 Tg）和 30%左右的中国消费端 APE 排放和 GDP 转移到了其他省份。本研究将 30 个省份按照地理区位划分为八个区域（图 4-1）。

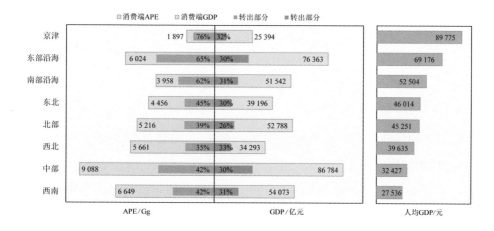

图 4-1    中国八大区域消费端核算的 APE 和 GDP 及 2012 年相应的人均 GDP

本研究统计了 2012 年各省的 GDP，并根据人口得出八大区域的人均 GDP。可以看出，京津、东部沿海以及南部沿海是我国经济水平最高的区域，人均 GDP 分别为 89 775 元、69 176 元、52 504 元。根据世界银行对全球经济体的分类，京津地区已经跨入高等收入水平。而西南地区、中部地区以及西北地区人均收入仅 27 536 元、32 427 元、6 279 元。其中西南地区人均 GDP 不足京津地区的 1/3。

从各地区消费端 APE 和 GDP 核算来看，中部地区是消费端 APE 和 GDP 最多的地区，分别是 9 088 Gg 和 86 784 亿元。其次是东部沿海地区，其消费端核算的 APE 和 GDP 分别为 6 024 Gg 和 76 363 亿元。另外，西南地区消费端 APE 和 GDP 分别为 6 649 Gg 和 54 073 亿元。消费端 APE 和 GDP 较少的为京津地区，分别为 1 897 Gg 和 25 394 亿元。从消费者视角来看，各区域如果消费的商品不在本地生产而是进口的其他地区的商品，那么隐含在商品生产过程中商品生产地所排放的大气污染以及产生的经

71

济收益可以认为是消费所在地外溢到其他地区[①]。从 APE 和 GDP 的外溢来看，八大区域存在较大差异。其中发达区域通过消费其他地区的商品外溢到其他地区的大气污染 APE 比重显著高于外溢到其他地区的 GDP 比重。例如，京津地区消费端核算的 APE 排放中有 76%实际排放在了其他地区，然而仅仅带动其他地区 GDP 增加了 32%，两者差值为 44%；同理，东部沿海地区和南部沿海地区外溢了 65%和 62%的 APE 排放，但仅将 30%和 31%的 GDP 外溢到其他地区，两者差值也分别达到了 35%和 31%。然而，其他 5 个地区外溢的 APE 和 GDP 比重差距相对较小。尤其是西北地区，其外溢的 APE 和 GDP 比重基本相当，中部地区外溢的 APE 比重仅比外溢的 GDP 比重多 11%。总体来看，经济发达的地区，如京津、东部沿海、南部沿海，在与中国其他地区开展贸易过程中，将更多的大气污染外溢到其他地区，而将大部分的 GDP 保留在本地。

## 4.3.2　基于消费端和生产端的大气污染与经济收益核算

### 4.3.2.1　生产端和消费端 $SO_2$ 排放量

按照消费端 $SO_2$ 排放量将中国 30 个省份进行排序（图 4-2），可以看出，山东、江苏、广东、辽宁、四川是消费端 $SO_2$ 排放最多的省份，上述省份对所有行业产品和服务的消费导致 $SO_2$ 排放分别为 1 424 Gg、1 106 Gg、1 101 Gg、882 Gg 和 869 Gg，共占全国 $SO_2$ 排放的 29%；消费端 $SO_2$ 排放最少的省份分别是青海、海南、宁夏、甘肃和天津，分别排放了 93 Gg、107 Gg、187 Gg、297 Gg、331 Gg，合计仅占全国 $SO_2$ 总排放量的 6%，仅为排放最多的山东省的 71%。从生产端来看，$SO_2$ 排放最多的省份分别是山东、内蒙古、河北、贵州、山西，分别排放了 1 548 Gg、

---

① 此处，GDP 外溢可以这样理解：如果一个地区消费的所有商品都为本地生产，那么将带动本地 GDP 增加，而如果消费的商品来自其他地区而非本地，那么就是带动了其他地区的 GDP 增加而非本地区，那么我们可以认为其产生了 GDP 外溢，原理类似于污染外溢。

1 260 Gg、1 114 Gg、1 100 Gg、1 058 Gg，占全国 $SO_2$ 排放总量的 33%；生产端 $SO_2$ 排放最少的省份分别是海南、青海、北京、天津、上海，分别排放了 45 Gg、110 Gg、112 Gg、213 Gg、219 Gg，合计仅占全国 $SO_2$ 总排放量的 3.8%。

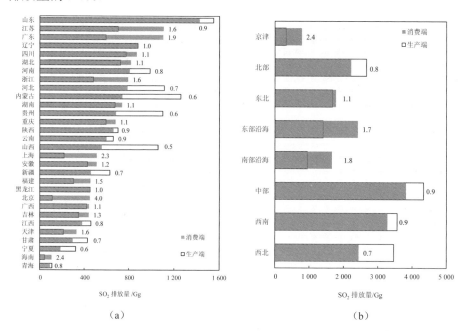

（a）　　　　　　　　　　　　　　（b）

图 4-2　中国 30 个省市及八大区域生产端和消费端 $SO_2$ 排放量核算

比较各省生产端和消费端 $SO_2$ 排放可以看出，有 17 个省份消费端 $SO_2$ 排放要大于其生产端 $SO_2$ 排放，其中相差最大的分别是北京、海南、上海、广东、江苏、天津等发达省份，其消费端是生产端 $SO_2$ 排放的 1.6～4.0 倍，尤其是发达直辖城市，表明这些省份消费的所有产品和服务隐含的 $SO_2$ 排放要远远大于本地生产隐含的 $SO_2$ 排放。另外，有 13 个省份消费端 $SO_2$ 要小于其生产端 $SO_2$ 排放，主要包括山西、贵州、内蒙古、宁夏、河北、甘肃等省份，其消费端是生产端 $SO_2$ 排放的 0.5～0.7 倍，表明这些能源大省或欠发达省份消费的所有产品和服务隐含的 $SO_2$ 排放要远远小于本地生产隐含的 $SO_2$ 排放。

从八大区域来看，中部、西南、西北由于包含的省份较多，其无论是消费端还是生产端 $SO_2$ 排放均大于其他区域。比较消费端和生产端 $SO_2$ 排放，可以看出较为发达的京津、东北、东部沿海、南部沿海等区域的消费端 $SO_2$ 排放要大于其生产端排放，尤其是京津地区，消费端 $SO_2$ 排放是生产端的 2.4 倍。另外北部、中部、西南、西北等区域消费端 $SO_2$ 排放要小于其生产端，尤其是西北地区，其消费端仅是生产端排放的 70%，即西北地区为其他地区承担了 30% 的 $SO_2$ 排放。

### 4.3.2.2 生产端和消费端 $NO_x$ 排放量

按照消费端 $NO_x$ 排放量将中国 30 个省份进行了排序（图 4-3），可以看出，江苏、山东、广东、河南、河北是消费端 $NO_x$ 排放最多的省份，上述省份对所有行业产品和服务的消费导致 $NO_x$ 排放量分别为 1 360 Gg、1 338 Gg、1 168 Gg、952 Gg 和 924 Gg，共占全国 $NO_x$ 排放量的 31%；消费端 $NO_x$ 排放最少的分别是青海、海南、宁夏、甘肃、贵州，分别排放了 88 Gg、132 Gg、190 Gg、301 Gg、317 Gg，合计仅占全国 $NO_x$ 总排放量的 6%，仅为排放最多的江苏省的 76%。从生产端来看，$NO_x$ 排放最多省份分别是河北、山东、河南、内蒙古、江苏，分别排放了 1 373 Gg、1 342 Gg、1 273 Gg、1 131 Gg、1 031 Gg，占全国 $NO_x$ 排放总量的 33%；生产端 $NO_x$ 排放最少的省份分别是青海、海南、北京、天津、上海，分别排放了 92 Gg、105 Gg、162 Gg、270 Gg、302 Gg，合计仅占全国 $NO_x$ 总排放量的 5%。

比较各省生产端和消费端 $NO_x$ 排放可以看出，有 17 个省份消费端 $NO_x$ 排放要大于其生产端 $NO_x$ 排放，其中相差最大的分别是北京、上海，其消费端分别是生产端 $NO_x$ 排放的 2.9 倍和 1.9 倍；另外，重庆、广东、浙江、天津等发达省份，其消费端是生产端 $NO_x$ 排放的 1.4～1.5 倍，表明这些省份消费的所有产品和服务隐含的 $NO_x$ 排放要远远大于本地生产端 $NO_x$ 排放。另外，有 13 个省份消费端 $NO_x$ 要小于其生产端 $NO_x$ 排放，主要包括宁夏、山西、内蒙古、河南、河北、贵州、新疆等省份，其消费端是生产端 $NO_x$ 排放的 0.5～0.7 倍，表明这些能源大省或欠发达省份消费的所有产品和服务隐含的 $NO_x$ 排放要远远小于本地生产隐含的 $NO_x$ 排放。

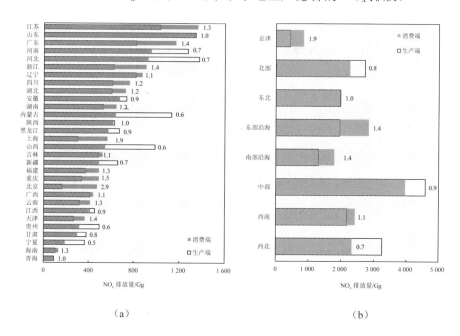

（a）                                （b）

**图 4-3  中国 30 个省市及八大区域生产端和消费端 $NO_x$ 排放量核算**

从八大区域来看，中部无论是消费端还是生产端 $NO_x$ 排放均大于其他区域。比较消费端和生产端 $NO_x$ 排放，可以看出较为发达的京津、东部沿海、南部沿海等区域的消费端 $NO_x$ 排放要大于其生产端排放，尤其是京津地区，消费端 $NO_x$ 排放是生产端的 1.9 倍。然而，西南地区作为欠发达省份，其消费端 $NO_x$ 排放要大于其生产端排放，为 1.1 倍。另外，北部、中部、西北等区域消费端 $NO_x$ 排放要小于其生产端，尤其是西北地区，其消费端仅是生产端排放的 70%，即西北地区为其他地区承担了 30% 的 $NO_x$ 排放。

### 4.3.2.3 生产端和消费端 PM 排放量

按照消费端 PM 排放量将中国 30 个省份进行了排序（图 4-4），可以看出，山东、江苏、河北、内蒙古、广东是消费端 PM 排放最多的省份，上述省份对所有行业产品和服务的消费导致 PM 排放分别为 675 Gg、597 Gg、593 Gg、544 Gg、519 Gg，共占全国 PM 排放的 28%；消费端 PM 排放最少的省份分别是海南、青海、宁夏、甘肃和天津，分别排放了 54 Gg、73 Gg、109 Gg、151 Gg、187 Gg，合计仅占全国 PM 总排放量的 5%，仅为排放最多的山东省的 85%。从生产端来看，PM 排放最多的省份分别是河北、山西、内蒙古、山东、黑龙江，分别排放了 967 Gg、886 Gg、856 Gg、672 Gg、547 Gg，占全国 PM 排放总量的 37%；生产端 PM 排放最少的省份分别是海南、上海、天津、北京、青海，分别排放了 13 Gg、67 Gg、74 Gg、77 Gg、113 Gg，合计仅占全国 PM 总排放量的 3.3%。

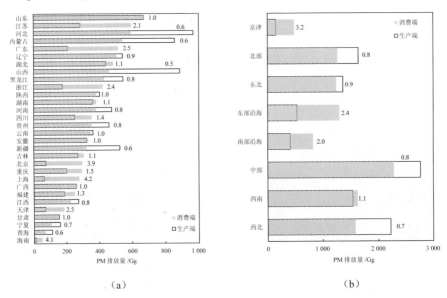

（a）　　　　　　　　　　　　　　（b）

图 4-4　中国 30 个省市及八大区域生产端和消费端 PM 排放量

比较各省生产端和消费端 PM 排放可以看出，有 16 个省份消费端 PM 排放要大于其生产端 PM 排放，其中相差最大的分别是上海、海南、北京、天津、广东、浙江、江苏等发达省份，其消费端是生产端 PM 排放的 2.1～4.2 倍，尤其是发达直辖城市，表明这些省份消费的所有产品和服务隐含的 PM 排放要远远大于本地生产隐含的 PM 排放。另外，有 14 个省份消费端 PM 要小于其生产端 PM 排放，主要包括山西、河北、内蒙古、新疆、青海等省份，其消费端是生产端 PM 排放的 0.5～0.6 倍，表明这些能源大省或欠发达省份消费的所有产品和服务隐含的 PM 排放要远远小于本地生产隐含的 PM 排放。

从八大区域来看，中部地区无论是消费端还是生产端 PM 排放均大于其他区域。比较消费端和生产端 PM 排放，可以看出较为发达的京津、东部沿海、南部沿海等区域的消费端 PM 排放要大于其生产端排放，尤其是京津地区，消费端 PM 排放是生产端的 3.2 倍。然而，西南地区作为欠发达省份，其消费端 PM 排放要大于其生产端排放，为 1.1 倍。另外北部、东北、中部、西北等区域消费端 PM 排放要小于其生产端，尤其是西北地区，其消费端仅是生产端排放的 70%，即西北地区为其他地区承担了 30% 的 PM 排放。

### 4.3.2.4　生产端和消费端 APE 排放量

图 4-5 是中国 30 个省份基于消费端和生产端的 APE 和 GDP 核算。无论从消费端还是生产端，山东、河北、广东、河南、江苏、山西、内蒙古等省份都属于 APE 排放大省和 GDP 总量最多的省份。在中国 30 个省份中，其中 17 个省份属于大气污染外输型省份，通过区域贸易消费其他省份产品并同时将大气污染转移出去，这些省份主要集中在直辖市及沿海地区，以北京、上海、天津、江苏、浙江、广东、福建、海南为主要代表，如北京消费产生的 APE 相当于其本地 APE 排放的 3.4 倍；另外 13 个省份属于大气污染输入型

省份，通过供给其他省份产品消费，导致本省大气污染排放增加，这些省份的特征主要表现在具有较大化石能源产生能力和重化工产业结构，以内蒙古、山西、河北、贵州、宁夏、新疆、河南为主要代表，如山西、内蒙古分别约50%和40%的 APE 都是为其他省份提供电力等产品而导致的。

另外，从 GDP 核算来看，有 17 个省份（57%）在区域间贸易过程中 GDP 净流出，这其中既有中、西部落后省份，如重庆、贵州、甘肃、安徽、广西、湖北，又有发达省份，如广东、浙江、海南、福建等；有 13 个省份（43%）在区域间贸易过程中 GDP 净流入，如河南、山东、河北、山西、内蒙古、江苏、上海、北京、天津，主要集中在沿海发达地区和直辖市。

综上所述，在区域间贸易过程中，各省份由于贸易引起的消费核算 APE 与原本以产品生产核算的 APE 具有较大差异，而这种差异在贸易引起的 GDP 核算中并非十分明显。如 APE 消费与产生的比值为 0.5～3.5，而 GDP 消费与产生得比值区间仅为 0.8～1.2。

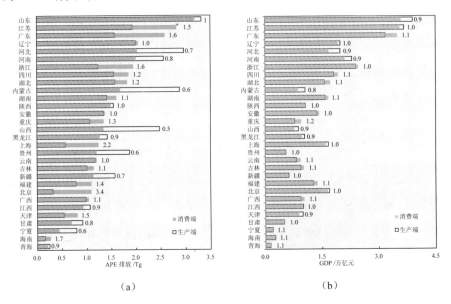

（a）　　　　　　　　　　　　　　（b）

图 4-5　中国各省市的生产端和消费端 APE 排放和 GDP 收益

### 4.3.3　APE 和 GDP 净转移类型划分

根据 APE 排放和 GDP 的虚拟净流出（入），可以将中国 30 个省份分为四组（Group）：Group I 省份位于右上区域，其特征为 APE 和 GDP 均净流出；Group II 省份位于左上区域，其特征为 APE 净流出且 GDP 净流入；Group III 省份位于左下区域，其特征为 APE 和 GDP 均净流入；Group IV 省份位于右下区域，其特征为 APE 净流入且 GDP 净流出（图 4-6）。

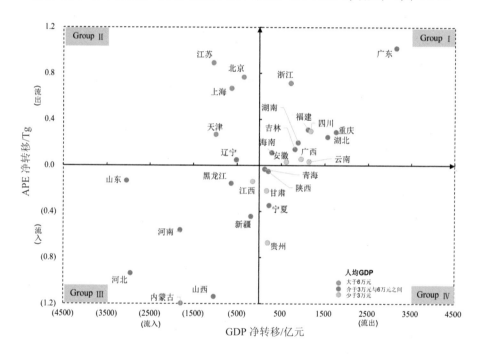

图 4-6　中国各省份贸易隐含大气污染净流出与 GDP 净流出关系

Group I 包含 12 个省份（广东、浙江、福建、四川、海南、吉林、湖南、湖北、重庆、云南、广西、安徽），这些省份通过消费其他省份高污染产品将大气污染转移出去，同时也在贸易过程中转移出了经济成本

（GDP）。例如广东净转移到其他省份 1.0Tg 的 APE 排放，同时也通过贸易净转移出 3 146 亿元的 GDP。这些省份中既有人均 GDP 大于 6 万元的沿海省份，同时也有少于 6 万元和小于 3 万元的中西部省份。

Group II 包含 5 个省份（江苏、北京、上海、天津、辽宁），这些省份在省际贸易过程中通过消费其他区域高污染产品将大气污染转移到其他地区，同时从其他省份获取经济利益。例如江苏省通过与其他省份的贸易向其他省份净转移了 0.9Tg 的 APE 排放，同时由于自身产业结构优势，从其他省份净获得了 1 036 亿元的 GDP。这些省份大多为中国收入最高的省份和直辖市。

Group III 包含 8 个省份（河北、内蒙古、河南、山西、山东、新疆、江西、黑龙江等能源资源以及重工业省份），这些省份通过为其他地区供给高污染产品承受了大气污染净转入，但同时在贸易过程中也获得相应的经济利益补偿。比如河北为其他省份提供钢铁、水泥、平板玻璃等高污染密集产品时，净转入 APE 排放 0.9Tg，同时也收到 2 948 亿元的经济收益。

Group IV 包含 5 个省份（贵州、甘肃、宁夏、青海、陕西等西部欠发达省份），这些省份位于西部偏远省份或发达省份的周边，为发达地区提供初级产品（如贵州、云南紧邻珠三角区域），在省际贸易过程中承接了发达地区的大气污染转移，但是由于区位和产业劣势，在贸易中并未获得经济利益，遭受了其他地区的环境不公平。如贵州在为其他省份提供电力、矿产等初级产品的同时，净流入 APE 排放 0.67 Tg，然而由于产业结构劣势和较低的产品竞争力，其反而净流出了 197 亿元的 GDP。

综上所述，在中国 30 个省份开展贸易过程中，部分发达省份，尤其是东部直辖市，将大气污染转移到其他省份，同时由于产业结构具有显著优势，通过高附加值低排放的高新技术产品及生产性服务业获得了贸易上的顺差，在贸易过程中实现了 GDP 的净转入。例如上海作为我国金融中心，向全国其他省份输出金融服务获得高额利润，但同时也消费其他省份的产品实现大气污染的溢出。另一方面，西部欠发达省份由于产业结构劣势，主导产业产品属于低附加值高污染的产品，因此在贸易过程中承担了其他省份的大气污染净转移，同时贸易上实现逆差（从 GDP 角度）。可以看出，中国省份间贸易隐含着显著的环境不公平现象。

### 4.3.4　中国区域间 APE 和 GDP 虚拟转移

中国八大区域间贸易隐含 APE 转移表现出从中国的沿海区域向中部和西部转移的特征（表 4-1）。西北地区和中部地区是 APE 净流入最多的区域，分别为 2 304 Gg 和 1 378 Gg，合计占所有 APE 净流入的 77%。其中西北地区的 APE 流入主要来自东部沿海（628 Gg）、南部沿海（403 Gg）、中部（303 Gg）、东北（281 Gg）、京津（234 Gg）、西南（293 Gg）6 个区域。东部沿海、南部沿海、东北地区以及京津地区是 APE 净流出地区。其中，东部沿海（2 272 Gg）和南部沿海（1 431 Gg）是 APE 流出最多的区域，其中东部沿海的 APE 主要流向中部（707 Gg）、西北（628 Gg）、北部（447 Gg）、东北（306 Gg）、西南（219 Gg）5 个区域。

表 4-1　中国八大区域间 APE 净转移　　　　单位：Gg

| 省份 | 京津 | 北部 | 东北 | 东部沿海 | 南部沿海 | 西北 | 西南 | 中部 | 总净流入 |
|---|---|---|---|---|---|---|---|---|---|
| 京津 | 0 | 0 | 0 | 0 | 0 | 0 | 0 | 0 | 0 |
| 北部 | 263 | 0 | 123 | 447 | 263 | 0 | 110 | 29 | 1 236 |
| 东北 | 108 | 0 | 0 | 306 | 104 | 0 | 12 | 0 | 531 |
| 东部沿海 | 39 | 0 | 0 | 0 | 0 | 0 | 0 | 0 | 39 |
| 南部沿海 | 19 | 0 | 0 | 4 | 0 | 0 | 0 | 0 | 23 |
| 西北 | 234 | 162 | 281 | 628 | 403 | 0 | 293 | 303 | 2 304 |
| 西南 | 86 | 0 | 0 | 219 | 241 | 0 | 0 | 0 | 545 |
| 中部 | 285 | 0 | 154 | 707 | 443 | 0 | 121 | 0 | 1 710 |
| 总净流出 | 1 034 | 162 | 558 | 2 311 | 1 454 | 0 | 537 | 332 | 6 388 |

省际间的 APE 转移特征是东部和南部沿海省份及直辖市向中西部能源丰富以及重化工比重较高的省份转移（表 4-2）。测算结果显示，中国 30 个省间 APE 转移量为 8 434 Gg，约占所有省份最终消费隐含的 APE 排放（42.9 Tg）的 20%。其中，在转移量前 25 对省份中，煤炭资源丰富的内蒙古和山西通过火电及焦炭等产品外输导致 APE 分别净流入 1 204 Gg 和 1 142 Gg，分别占全国 APE 转移的 14% 和 14%。通过将煤炭转换为电力、焦炭、煤气以及化工产品，供应其他省份；河北作为中国钢铁、水泥、平板玻璃等产品主要供应省份，通过产品贸易承受了发达省份和直辖市的 APE 转移（净流入 1 038 Gg）。其中北京、上海、天津、江苏、浙江、辽宁、山东、广东是上述三个省份主要的 APE 流出省份，分别占上述三个省份 APE 转移的 61%、61%、67%。另外，中国西部落后省份（贵州、云南、陕西、甘肃、宁夏、新疆）也同样受到东部沿海发达地区的 APE 转移，尤其是贵州，受到周边省份的 APE 转移最为明显，为 675 Gg，主要来源于四川和广东等相对发达地区。

表 4-2　中国主要省际间 APE 净转移

| 序号 | 流出省份 | 流入省份 | 流入量/Gg | 序号 | 流出省份 | 流入省份 | 流入量/Gg |
|---|---|---|---|---|---|---|---|
| 1 | 江苏 | 内蒙古 | 148 | 12 | 广东 | 内蒙古 | 87 |
| 2 | 江苏 | 山西 | 136 | 13 | 浙江 | 河北 | 87 |
| 3 | 北京 | 河北 | 137 | 14 | 广东 | 山东 | 86 |
| 4 | 辽宁 | 内蒙古 | 122 | 15 | 广东 | 山西 | 85 |
| 5 | 江苏 | 河北 | 117 | 16 | 北京 | 内蒙古 | 82 |
| 6 | 浙江 | 内蒙古 | 98 | 17 | 四川 | 贵州 | 81 |
| 7 | 广东 | 河南 | 95 | 18 | 上海 | 内蒙古 | 79 |
| 8 | 辽宁 | 山西 | 94 | 19 | 广东 | 贵州 | 77 |
| 9 | 浙江 | 山西 | 93 | 20 | 上海 | 河北 | 77 |
| 10 | 北京 | 山西 | 90 | 21 | 上海 | 山西 | 73 |
| 11 | 广东 | 河北 | 89 | 22 | 江苏 | 河南 | 71 |

中国八大区域间贸易隐含的 GDP 转移主要形成自南向北、自西向东的特征（表 4-3）。主要的 GDP 转移发生在西南地区、南部沿海向北部地

区、东部沿海和中部。其中，西南地区和南部沿海是 GDP 最大的转出区域，分别流出 5 213 亿元、4 712 亿元，分别占所有 GDP 转移量的 34%和 31%；北部地区和东部沿海和中部是主要的 GDP 流入区域，分别流入 5 989 亿元、2 401 亿元、2 328 亿元，分别占所有 GDP 转移量的 39%、16%、15%。另外，贸易隐含的 GDP 转移主要发生在南部沿海→北部（1 356 亿元）、西南→北部（1 299 亿元）、中部→北部（1 267 亿元）、西南→中部（1 191 亿元）、南部沿海→中部（1 138 亿元）、西南→东部沿海（1 063 亿元）。而 APE 流入最多的西北地区仅有 5 个地区向其转移了 GDP，且合计仅为 1 699 亿元，仅占所有 GDP 转移的 9%。

表 4-3　中国八大区域间 GDP 净转移　　　　　　单位：亿元

| 省份 | 京津 | 北部 | 东北 | 东部沿海 | 南部沿海 | 西北 | 西南 | 中部 | 总净流入 |
|---|---|---|---|---|---|---|---|---|---|
| 京津 | 0 | 0 | 166 | 161 | 331 | 77 | 434 | 402 | 1 571 |
| 北部 | 237 | 0 | 525 | 957 | 1 356 | 349 | 1 299 | 1 267 | 5 989 |
| 东北 | 0 | 0 | 0 | 58 | 404 | 0 | 501 | 175 | 1 138 |
| 东部沿海 | 0 | 0 | 0 | 0 | 958 | 0 | 1 063 | 379 | 2 401 |
| 南部沿海 | 0 | 0 | 0 | 0 | 0 | 0 | 171 | 0 | 171 |
| 西北 | 0 | 0 | 113 | 283 | 526 | 0 | 554 | 194 | 1 669 |
| 西南 | 0 | 0 | 0 | 0 | 0 | 0 | 0 | 0 | 0 |
| 中部 | 0 | 0 | 0 | 0 | 1 138 | 0 | 1 191 | 0 | 2 328 |
| 总净流出 | 237 | 0 | 803 | 1 458 | 4 712 | 426 | 5 213 | 2 417 | 15 267 |

从省际间贸易隐含的 GDP 净转移来看（表 4-4），其特征是从南部沿海省份及西南省份向北部和东部沿海省份转移。山东和河北是 GDP 流入最多的省份，其他省份分别向上述两省流入 GDP 为 3 316 和 2 948 亿元，分别占省间 GDP 转移总量的 16%和 15%。广东、重庆、湖北是 GDP 流出最多的省份，在全国贸易过程中分别向其他省份转移的 GDP 为 3 288 亿元、1 760 亿元、1 657 亿元，分别占省间 GDP 转移总量的 16%、8.3%、7.9%。GDP 转移最大的省份是广东→山东（601 亿元）、广东→江苏（336 亿元）、湖北→山东（320 亿元）、广东→河南（329 亿元）等。

表 4-4　中国主要省际间 GDP 净转移

| 序号 | 流出省份 | 流入省份 | 流入量/亿元 | 序号 | 流出省份 | 流入省份 | 流入量/亿元 |
|---|---|---|---|---|---|---|---|
| 1 | 辽宁 | 河北 | 161 | 14 | 湖北 | 河南 | 198 |
| 2 | 吉林 | 河北 | 147 | 15 | 湖南 | 山东 | 221 |
| 3 | 江苏 | 河北 | 248 | 16 | 广东 | 河北 | 303 |
| 4 | 江苏 | 内蒙古 | 203 | 17 | 广东 | 江苏 | 336 |
| 5 | 浙江 | 河北 | 232 | 18 | 广东 | 山东 | 601 |
| 6 | 浙江 | 内蒙古 | 177 | 19 | 广东 | 河南 | 329 |
| 7 | 浙江 | 江苏 | 181 | 20 | 广西 | 山东 | 158 |
| 8 | 浙江 | 山东 | 243 | 21 | 重庆 | 江苏 | 153 |
| 9 | 安徽 | 山东 | 151 | 22 | 重庆 | 山东 | 235 |
| 10 | 福建 | 江苏 | 145 | 23 | 四川 | 江苏 | 148 |
| 11 | 福建 | 山东 | 253 | 24 | 四川 | 山东 | 223 |
| 12 | 湖北 | 江苏 | 172 | 25 | 云南 | 山东 | 170 |
| 13 | 湖北 | 山东 | 320 | | | | |

从图 4-4 中可以看出，贸易隐含 GDP 的转移主要发生在广东与北部和中部省份。其原因在于，河北、山东以及河南等是中游产品的主要生产地，例如钢铁制品、水泥、化工产品等，这些产品是电子、电器、交通等设备和服饰、鞋帽产品制造的中间产品，发达省份如广东、福建等在使用上述中间产品过程中将不可避免地带动产品生产地的 GDP 增长。但是需要指出的是，所有的省间 GDP 转移量仅为 21 102 亿元，占中国各地区终端消费引起的 GDP 增长的 5%。例如广东向山东转移的 601 亿元 GDP 也仅为广东本地 GDP 的 1.7%。

中国省际间 APE 转移存在显著的行业特征（表 4-5），在前 25 对 APE 转移的省份对中，主要流出省份为江苏（5 次）、广东（6 次）、浙江（3 次）、北京（3 次）、上海（3 次）等发达地区，流出的行业主要为建筑业、其他服务业以及交通设备制造业、专用设备制造等大气污染密集产品的终端消费行业。另外，流入的主要省份主要以欠发达地区和能源、资源型地区为主，如内蒙古（7 次）、山西（7 次）、河北（6 次）等，其输出的主要行业为电力热力生产、金属冶炼业、非金属制品等。从某种程度上来看，这表明发达地区的城镇化和工业化是以大气污染为支撑和代价的。

表4-5　前25个APE净流出最大的省份对及其主要的行业

| 序号 | 流出 | | 流入 | |
| --- | --- | --- | --- | --- |
| | 省份 | 行业 | 省份 | 行业 |
| 1 | 江苏 | 建筑业，其他服务业，交通设备制造 | 内蒙古 | 电力及热力生产 |
| 2 | 江苏 | 建筑业，其他服务业 | 山西 | 电力及热力生产，非金属制品 |
| 3 | 北京 | 建筑业 | 河北 | 金属冶炼业，非金属制品，电力及热力生产 |
| 4 | 辽宁 | 建筑业，其他服务业，交通设备制造 | 内蒙古 | 电力及热力生产 |
| 5 | 江苏 | 建筑业 | 河北 | 电力及热力生产，金属冶炼业，非金属制品 |
| 6 | 浙江 | 建筑业，其他服务业 | 内蒙古 | 电力及热力生产，金属冶炼业 |
| 7 | 辽宁 | 建筑业，其他服务业 | 山西 | 电力及热力生产，金属冶炼业 |
| 8 | 浙江 | 建筑业，其他服务业，交通设备制造 | 山西 | 电力及热力生产，金属冶炼业 |
| 9 | 北京 | 建筑业，其他服务业，交通设备制造 | 山西 | 电力及热力生产，金属冶炼业，非金属制品 |
| 10 | 广东 | 建筑业，其他服务业，交通设备制造 | 山东 | 电力及热力生产，金属冶炼业，非金属制品 |
| 11 | 广东 | 建筑业，其他服务业，交通设备制造 | 内蒙古 | 电力及热力生产，金属冶炼业 |
| 12 | 广东 | 建筑业，其他服务业，交通设备制造 | 河南 | 电力及热力生产，金属冶炼业，非金属制品 |
| 13 | 北京 | 建筑业，其他服务业，交通设备制造 | 内蒙古 | 电力及热力生产，金属冶炼业，非金属制品 |
| 14 | 广东 | 建筑业，其他服务业，交通设备制造 | 山西 | 电力及热力生产，金属冶炼业 |
| 15 | 广东 | 建筑业，其他服务业，交通设备制造 | 贵州 | 电力及热力生产，非金属制品 |
| 16 | 上海 | 建筑业，其他服务业，交通设备制造 | 内蒙古 | 电力及热力生产，金属冶炼业 |
| 17 | 广东 | 建筑业，交通设备制造，电子设备制造 | 河北 | 金属冶炼业，电力及热力生产 |
| 18 | 浙江 | 建筑业 | 河北 | 电力及热力生产，金属冶炼业，非金属制品 |
| 19 | 上海 | 建筑业，其他服务业，交通设备制造 | 河北 | 金属冶炼业，电力及热力生产，非金属制品 |
| 20 | 上海 | 建筑业，其他服务业，交通设备制造 | 山西 | 电力及热力生产，金属冶炼业，非金属制品 |
| 21 | 山东 | 建筑业，其他服务业，交通设备制造，专用设备制造，食品及烟草制造 | 内蒙古 | 电力及热力生产，金属冶炼业 |
| 22 | 天津 | 建筑业，其他服务业，交通设备制造 | 河北 | 电力及热力生产，金属冶炼业，非金属制品 |
| 23 | 江苏 | 建筑业，其他服务业 | 山东 | 电力及热力生产，非金属制品 |
| 24 | 江苏 | 建筑业，其他服务业 | 河南 | 电力及热力生产，非金属制品 |
| 25 | 山东 | 建筑业，其他服务业，专用设备制造 | 山西 | 电力及热力生产，金属冶炼业 |

### 4.3.5 省级间大气污染物转移矩阵及环境不公平指数

本研究将省与省之间 $SO_2$、$NO_x$、PM、APE 以及 GDP 的净转移矩阵用棋格图的形式表示。由于是净转移值，理论上，每个棋格图中每两个省份间均会有两个棋格，如北京→河北和河北→北京，两个棋格均为一正一负两个值，且绝对值相等。剔除了负值后（白色棋格），每个有颜色的棋格表示横纵相交的两个省份的大气污染物和 GDP 的净转移正值，即纵向省份向横向省份的净转移量。颜色越深表示净转移量越大。理论上，所有省份之间均会有净转移值。

#### 4.3.5.1 大气污染物和 GDP 省际转移矩阵

（1）中国省际 $SO_2$ 净转移

如图 4-7 所示，内蒙古、山西、河北、贵州是中国 30 个省份中贸易隐含的 $SO_2$ 净流入的主要省份，分别为 521.7 Gg、502.3 Gg、379.1 Gg、415.7 Gg，上述 4 个省份合计约占中国 $SO_2$ 净转移量的一半。其中江苏是 $SO_2$ 净流入内蒙古和山西最多的省份，分别为 63.6 Gg 和 59.6 Gg。北京是流入河北 $SO_2$ 最多的省份，为 55 Gg；四川是流入贵州 $SO_2$ 最多的省份，为 47.4 Gg。另外，广东、江苏、北京、浙江是净流出 $SO_2$ 排放最多的省份，分别为 515.0 Gg、431.1 Gg、337.5 Gg、325.9 Gg，上述 4 个省份合计约占中国 $SO_2$ 净转移量的 42%。其中广东流出的 $SO_2$ 主要去向北部、中部、西北等区域。由于 $SO_2$ 主要来源于化石燃料（以煤炭为主）的燃烧，因此，中国煤炭资源丰富的内蒙古、山西以及河北、贵州是区域间 $SO_2$ 流入的主要省份。

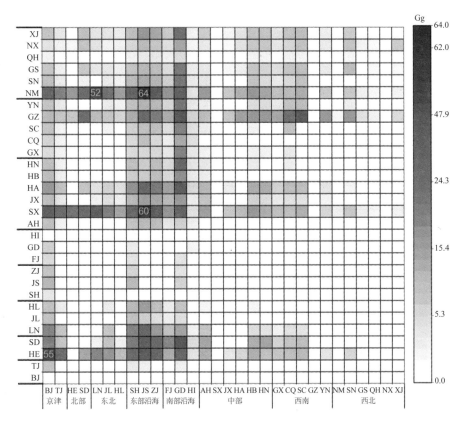

图 4-7　中国省际 $SO_2$ 净转移矩阵

注：图中字母均为省份代号，全书同。

（2）中国省际 $NO_x$ 净转移

如图 4-8 所示，内蒙古、河北、山西、河南是中国贸易隐含 $NO_x$ 净流入的主要省份，分别为 492.2 Gg、482.1 Gg、440.6 Gg、359.5 Gg，上述 4 个省份合计约占中国 $NO_x$ 净转移量的 52%。其中江苏和辽宁是 $NO_x$ 净流入内蒙古最多的省份，分别为 60.6 Gg 和 52.2 Gg；北京和江苏是流入河北 $NO_x$ 最多的省份，分别为 58 Gg 和 54 Gg；江苏是流入山西 $NO_x$ 最多的省份，为 53 Gg；广东是流入河南 $NO_x$ 最多的省份，为 44 Gg。另外，江苏、广东、北京、浙江同样是净流出 NO$_x$ 排放最多的省份，分别为 372 Gg、357 Gg、312 Gg、296 Gg，上述 4 个省份合计约占中国 NO$_x$ 净转移量的 39%。由于 NO$_x$ 主要来源于化石燃料（以煤炭为主）的燃烧和机动车排放，因此，中国煤炭资源丰富的省份是区域间 NO$_x$ 流入的主要省份。然而，贵州处于欠发达地区，其机动车保有量要少于其他省份，因此 NO$_x$ 排放相较 SO$_2$ 要少。

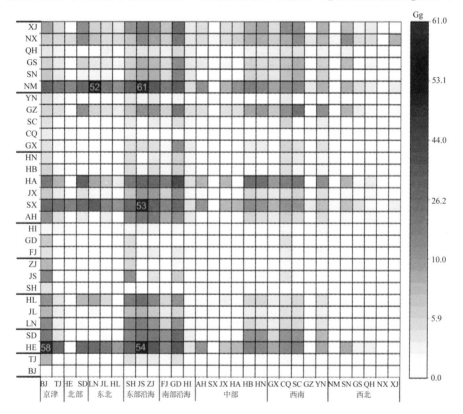

图 4-8　中国省际 NO$_x$ 净转移矩阵

（3）中国省际 PM 净转移

如图 4-9 所示，山西、河北、内蒙古、新疆是中国贸易隐含 PM 净流入的主要省份，分别为 392 Gg、423 Gg、319 Gg、207 Gg，上述 4 个省份合计约占中国 PM 净转移量的 52%。其中江苏和辽宁是 PM 净流入内蒙古最多的省份，分别为 41 Gg 和 28 Gg；北京和江苏是流入河北 PM 最多的省份，分别为 52 Gg 和 43 Gg；江苏是流入山西 PM 最多的省份，为 51 Gg；广东是流入新疆 PM 最多的省份，为 28 Gg。另外，江苏、广东、浙江、北京同样是净流出 PM 排放最多的省份，分别为 327 Gg、313 Gg、251 Gg、221 Gg，上述 4 个省份合计约占中国 PM 净转移量的 43%。PM 来源比较复杂，一方面是化石燃料（以煤炭为主）的燃烧，另一方面是水泥等非金属矿物制品制造以及金属冶炼。

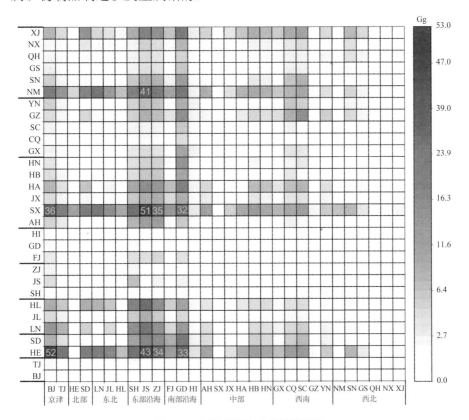

图 4-9　中国省际 PM 净转移矩阵

（4）中国省际 APE 净转移

APE 排放作为三种大气污染物的综合指标，其省际净转移的特征基本与三种大气污染物类似。如图 4-10 所示，内蒙古、山西、河北是 APE 净流入主要省份，分别为 1 204 Gg、1 142 Gg、1 038 Gg，合计占 APE 转移总量的 40%；另外主要流出省份仍为广东、江苏、浙江、北京，分别为 1 034 Gg、967 Gg、766 Gg、748 Gg，合计占 APE 转移总量的 42%。可以看出，最大的省间 APE 净转移量发生在江苏→内蒙古（148 Gg）、北京→河北（137 Gg）、江苏→山西（136 Gg）、辽宁→内蒙古（122 Gg）。总体来看，省间 APE 净转移特征与三种大气污染物十分相似，主要发生在东部发达省份与煤炭、钢铁等大气污染密集产品生产省份。

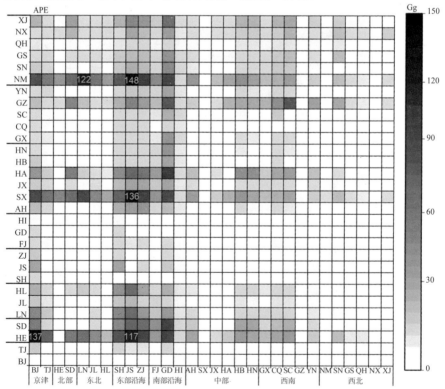

图 4-10　中国省际间 APE 转移矩阵

（5）中国省际 GDP 净转移

省间 GDP 净转移矩阵本身与 APE 转移呈现显著差异，虽然每两个省份之间存在唯一的转移关系（正转移或负转移），但有可能与 APE 不完全一致。为了测算 REI 不公平指数，我们将所有的值与 APE 转移值对应，无论是正值还是负值。其中绿色系表示纵向省份向横向省份净转移了数值为正的 GDP；咖啡色系表示纵向省份向横向省份净转移了数值为负的 GDP（其实也可以理解为横向省份向纵向省份转移了数值为正的 GDP）。

如图 4-11 所示，省间 GDP 净转移（正值）主要位于棋阵图右下半部分，主要为东北沿海→北部、南部沿海→北部和部分中部（山西、江西、河南）、中部→北部和中部，以及西南→北部和中部。尤其是广东，作为南部沿海最发达的省份，其在与其他省份贸易过程中基本都是转移正 GDP（除了云南与重庆），如广东在消费其他地区提供的最终产品过程中，分别向山东、江苏、河南、河北转移了 601 亿元、336 亿元、329 亿元和 303 亿元的 GDP。另外，湖北也向山东转移了 320 亿元的 GDP。

另外，省间 GDP 净转移（负值）主要位于棋阵图左上半部分，主要发生在京津和东部沿海与其他区域（尤其是欠发达的中部和西部地区）之间。其中北京和天津与其他省份的 GDP 净转移负值最多，即表示在贸易过程中，其他地区向北京和天津转移了 GDP，既包括相对发达的东北、东部沿海地区，同时也包括中部、西南、西北等欠发达地区。例如，北京在与其他省份贸易过程中，其他 29 个省份中，有 20 个省份是向北京净转移了 GDP。同时，从转移量上，东部沿海省份的 GDP 净转移量（负值）相对较大。例如，江苏在与其他省份贸易过程中，15 个省份向其转移了 GDP，并且福建、湖北、重庆、四川等省份转移量最多。

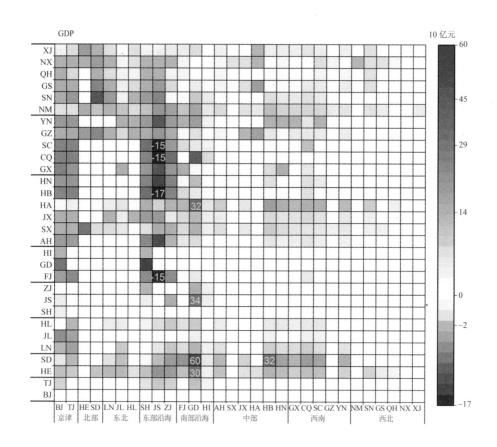

图 4-11　中国省间 GDP 转移矩阵

#### 4.3.5.2　中国省间 REI 环境不公平指数

根据省间 APE 和 GDP 转移矩阵，可以获得省间环境不公平 REI 指数（具体方法详见 4.2.4 节）。需要说明的是，本研究构建的 REI 指数是表征相对不公平程度。如图 4-12 所示，在 30 个省份之间，共有 434 对省份存在贸易隐含的大气污染转移和经济转移，也就是存在 REI 指数。其中，有 171 对省份属于 APE 净流入且 GDP 净流出的情况，占所有省份对的 40%左右。例如，北京通过贸易向山西转移了 89.5 Gg 的 APE 排放，但是却从山西获得了 16 亿元的 GDP 收益。在计算 REI 指数时，我们将所有的省份分为两种类型，第一类是类似北京与山西，APE 与 GDP 的流向相反（在这种情况下，REI＞1）；第二类是 APE 与 GDP 的流向相同（0＜REI≤1）。

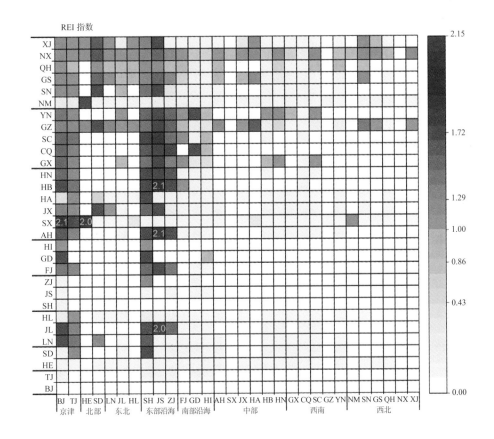

图 4-12　中国省际之间 REI 指数矩阵

针对第一类省份对，结果显示 REI 指数最高的发生在江苏→安徽（REI=2.14）、北京→山西（REI=2.10）、江苏→湖北（REI=2.08）、河北→

山西（REI=1.97）以及江苏→吉林（REI=1.94）。上述结果表明，欠发达省份在承担了发达地区的大气污染的同时，并没有获得任何经济上的补偿。相反，由于欠发达地区产业结构和竞争力上的劣势，反而在与发达地区贸易过程中向发达地区转移了GDP。同时我们发现，上述环境不公平部分发生在发达地区与其相邻的欠发达地区，如江苏与安徽、北京与山西等，一定程度上证明了虹吸效应的存在。另外，我们还发现这种不公平同样发生在欠发达省份之间，如河北与山西。

第二类省份（也就是APE和GDP流向相同的省份）同样主要发生在发达省份和欠发达省份间，虽然欠发达省份在承担发达省份大气污染转移也可以获得一定经济转移。结果显示，此类REI指数最高的是福建→贵州（REI=1.00）、广东→宁夏（REI=0.80）以及湖北→宁夏（REI=0.80）。需要注意的是，环境不公平同样发生在欠发达地区之间，比如云南→宁夏（REI=0.89）。云南在与宁夏开展贸易过程中向宁夏转移了12 Gg的APE排放，占云南总的APE净流出的8%左右，但是仅仅向宁夏净转移了1 000万元的GDP，仅占云南总的GDP净流出的0.01%。

综上所述，我国省间贸易存在显著的环境不公平现象，部分东部发达省份在与中西部欠发达省份开展贸易过程中，将本应承担的大气污染负担转移到欠发达省份，但是仅付出了较少比例的GDP代价，甚至约40%的发达省份基于自身产业优势和区位优势，反而在贸易过程中从欠发达地区获得了经济收益。另外，本研究发现贸易隐含的环境不公平也同样存在于欠发达省份之间。

### 4.3.6 典型省份 APE 和 GDP 转移的行业特征分析

本研究在图4-6中的四个分组中，分别选取四个典型省份代表，对其开展行业特征分析，从而能够了解各省份行业层面的详细信息。其中，

Group Ⅰ选择广东省，Group Ⅱ选择北京市，Group Ⅲ选择河北省，Group Ⅳ选择贵州省。在本小节中，涉及行业数据时用增加值代替 GDP。

### 4.3.6.1　广东省贸易隐含转移的行业特征

广东省属于 Group Ⅰ类省份，即其特征为 APE 和 GDP 均净流出，表明其在与其他省份开展贸易过程中，将部分大气污染 APE 转移到了其他省份，同时也转移了部分 GDP 作为经济补偿。

从行业 APE 转移来看（图 4-13），广东省与其他省份贸易过程中 APE 净流入总量为 474 Gg，显著行业主要为电力热力的生产和供应业、非金属矿物制品业、交通运输仓储和邮政业 3 个行业，分别净流入 APE 排放为 228 Gg、110 Gg 和 75 Gg，分别占净流入总额的 48%、23%和 16%。其中电力热力的生产和供应业 APE 净流入主要为山东、河南、河北、湖南、广西以及江苏和浙江等省份，表明本地产品在出口上述省份时消耗了较多本地的电力。另外，广东省与其他省份贸易过程中 APE 净流出总量为 1 483 Gg，约是其净流入的 3 倍。显著行业主要为建筑业、其他服务业、交通运输设备制造业、电器机械和器材制造业 4 个行业，分别净流出 APE 排放为 510 Gg、291 Gg、132 Gg 和 115 Gg，分别占净流出总量的 34%、20%、9%和 8%。其中建筑业 APE 净流出主要为河北、山西、内蒙古、山东、河南、湖南、贵州等省份，上述省份是能源、钢铁、建材等建筑行业上游产品生产大省，表明进口上述产品过程中将部分 APE 排放转移到了其他省份。

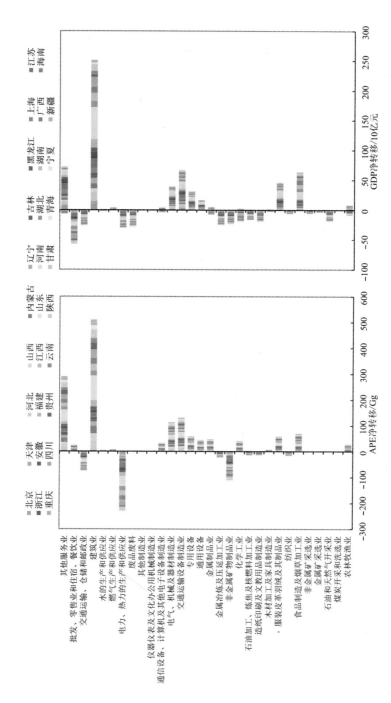

图 4-13　广东省与其他省份分行业 APE 和增加值转移

从行业增加值转移来看，广东与其他省份的行业增加值转移的行业与 APE 转移的行业特征存在一定差异。广东省贸易隐含的行业增加值净流入主要为批发零售业和住宿餐饮业、交通运输仓储和邮政业、电力热力的生产和供应业等行业，另外，金属、非金属、化工、印刷等行业也有部分增加值净流入。另外，广东省行业增加值净流出的行业与 APE 净流出行业类似，分别为建筑业、其他服务业、交通运输设备制造业、食品制造及烟草加工业等行业，分别占 44%、12%、12%、11%。其中，建筑业增加值净流出省份主要为山东、河南，分别占 12%、10%。另外，江苏、河北、湖南等省份也占比较高。上述省份中既有能源、钢铁、建材等建筑行业上游产品生产大省，也有较为发达的沿海省份，如江苏。

总体来看，除个别行业，广东省与其他省份贸易隐含的 APE 和增加值转移的行业特征基本相同，这也是其归到 Group I 中的主要原因。在区域间贸易中扮演着高端生产者的角色，通过付出部分经济收益的方式将污染转移到初级产品生产省份。

### 4.3.6.2　北京市贸易隐含转移的行业特征

北京市属于 Group II 类省份，即其特征为 APE 净流出但增加值净流入，表明其在与其他省份开展贸易过程中，将部分大气污染 APE 转移到了其他省份。但通过自身产业结构优势从其他省份获取了一定经济收益。

从行业 APE 转移来看（图 4-14），北京市与其他省份贸易过程中 APE 净流入总量仅为 57 Gg，显著行业主要为电力热力的生产和供应业、交通运输仓储和邮政业、木材加工及家具制造业、纺织业 4 个行业，分别净流APE 排放为 15 Gg、7 Gg、15 Gg 和 18 Gg，相对都较少。另外，北京市与其他省份贸易过程中 APE 净流出总额为 823 Gg，约是其 APE 净流入的 14 倍，行业主要为建筑业、其他服务业、交通运输设备制造业 3 个行业，

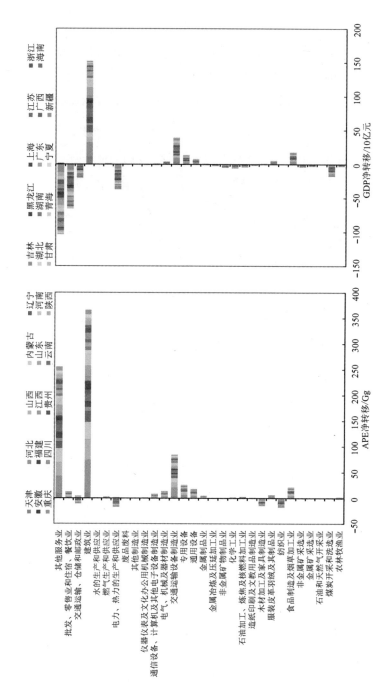

图 4-14　北京与其他省份分行业 APE 和增加值转移

分别净流出 APE 排放为 366 Gg、256 Gg、84 Gg，分别占净流出总额的 44%、31%、10%。其中建筑业 APE 净流出主要为河北、山西、内蒙古、山东、河南等省份，上述省份是能源、钢铁、建材等建筑行业上游产品生产大省，表明北京市进口上述产品过程中将部分 APE 排放转移到了其他省份。

从行业增加值转移来看，北京市与其他省份的行业增加值转移的行业与 APE 转移的行业特征存在较大差异。北京市贸易隐含的行业增加值净流入总额为 2 752 亿元，主要为其他服务业、批发零售和住宿餐饮业、电力热力生产和供应业以及交通运输仓储和邮政业 4 个行业，分别流入增加值 1024 亿元、657 亿元、375 亿元和 207 亿元，分别占流入总额的 37%、24%、14%、8%。可以看出北京增加值净流入主要以服务业为主。作为我国金融、科技、教育、商业和行政中心，北京为全国提供了上述服务，因此也能够获得最大收益。另外，北京市行业增加值净流出总额为 2 402 亿元，主要行业为建筑业、交通运输设备制造业、食品制造及烟草加工业等行业，分别流出增加值为 1 519 亿元、392 亿元、178 亿元，分别占流出总额的 63%、16%、7%。其中，建筑业增加值净流出省份为河北、山东、江苏、天津、辽宁、河南，合计占北京市增加值净流出总额的 52%。上述省份中既有能源、钢铁、建材等建筑行业上游产品生产大省，也有较为发达的沿海省份，如江苏、天津等。

总体来看，在北京 APE 和增加值净转移的主要行业存在转移方向上的较大差异。比如其他服务业与批发零售和住宿餐饮业向其他省份转移了 APE，但是同时却从其他省份获得了净经济收益，并且这种现象主要发生在北京与周边北方重工业省份之间。这也是其成为 Group II 的主要原因。在区域贸易中扮演着获得双赢的一方，既转出了污染同时又获得了净收益。

### 4.3.6.3 河北省贸易隐含转移的行业特征

河北省属于 Group Ⅲ 类省份，即其特征为 APE 和增加值都是净流入，表明其在与其他省份开展贸易过程中，通过出售大气污染密集行业（钢铁、建材）产品承担了其他省份部分大气污染 APE 转移，但在这个过程中从其他省份也获取了经济收益。

从行业 APE 转移来看（图 4-15），河北省与其他省份贸易过程中 APE 净流入总量为 1 459 Gg，显著行业主要为金属冶炼及压延加工业、电力热力的生产和供应业、交通运输仓储和邮政业、非金属矿物制品业 4 个行业，分别净流入 APE 排放为 538 Gg、508 Gg、171 Gg 和 139 Gg，上述行业分别占 APE 净流入总量的 37%、35%、12%、10%。其中金属冶炼行业 APE 净流入主要来自北京、江苏、广东、浙江、辽宁、山东等省份。作为我国钢铁产量最大的省份，河北通过为上述省份提供钢铁作为建筑以及设备制造等行业的中间产品，相应承担了上述省份的大气污染转移。另外，河北省与其他省份贸易过程中 APE 净流出总额仅为 520 Gg，约为其 APE 净流入的 1/3，流出行业主要为建筑业和其他服务业 2 个行业，分别净流出 APE 排放为 282 Gg 和 97 Gg，分别占净流入总额的 54% 和 19%。其中建筑业 APE 净流出省份主要为山西、内蒙古、辽宁等，上述省份是能源大省，表明河北省从山西和内蒙古进口电力的过程中将部分 APE 排放转移到了其他省份。

从行业增加值转移来看，河北省与其他省份的行业增加值转移的行业与 APE 转移的行业特征较为相似。河北省各行业贸易隐含的增加值净流入总额为 5 172 亿元，主要为金属冶炼及压延加工业、金属矿采选业、农林牧渔业、煤炭开采和选洗业等行业，分别流入增加值 1 162 亿元、738 亿元、676 亿元和 415 亿元，分别占流入总额的 22%、14%、13%、8%。可以看出河北省增加值净流入主要以金属冶炼及上游的矿采选业以及农业为主。

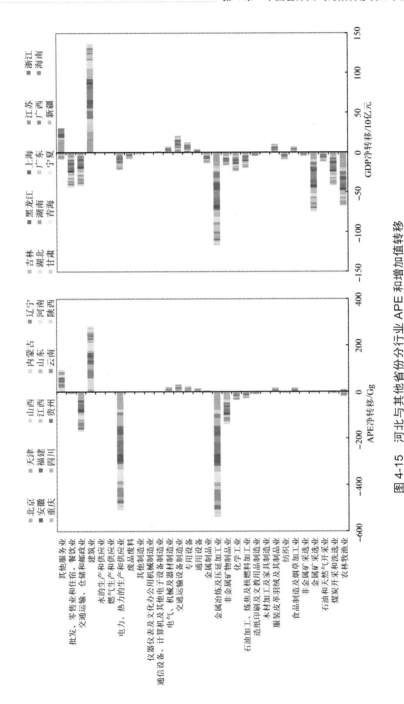

图 4-15　河北与其他省份分行业 APE 和增加值转移

作为我国钢铁产量最大的省份以及北方粮食主产区，河北在为全国提供钢铁产品和农产品的同时获得一定经济收益。另外，河北省行业增加值净流出总额为 2 223 亿元，主要行业为建筑业、其他服务业、专用设备制造业等行业，分别流出增加值为 1 367 亿元、228 亿元、211 亿元、128 亿元，分别占流出总额的 61%、10%、9%、6%。其中，建筑业增加值净流出省份为北京、江苏、天津、山东、辽宁，合计占河北省增加值净流出总额的 44%。上述省份中既有能源、钢铁、建材等建筑行业上游产品生产大省，也有较为发达的北京、天津、江苏等。

总体来看，在河北省 APE 和增加值净转移的主要行业转移方向基本一致，但部分行业净转移量级上存在差距。如在农业和矿采选业上净流入了增加值，但基本没有 APE 净流入。但电力热力生产和供应业占 APE 净流入的 35%，但其占增加值净流入的 4%。这也是其成为 Group III 的主要原因。在区域间贸易中扮演着低端生产者的角色，通过为高端生产者提供初端产品获得部分收益。

### 4.3.6.4 贵州省贸易隐含转移的行业特征

贵州省属于 Group IV 类省份，即其特征为 APE 净流入但增加值净流出，表明其在与其他省份开展贸易过程中，通过出售高污染低端产品承担了其他省份部分大气污染 APE 转移，但在这个过程中由于自身产品层次低，竞争力弱，反而失去了经济收益。

从行业 APE 转移来看（图 4-16），贵州省与其他省份贸易过程中 APE 净流入总量为 853 Gg，显著行业主要为电力热力的生产和供应业、批发零售和住宿餐饮业、非金属矿物制品业 3 个行业，分别净流入 APE 排放为 587 Gg、83 Gg 和 78 Gg，上述行业分别占 APE 净流入总量的 69%、10%、9%。其中电力热力的生产和供应业 APE 净流入主要来自广东、四川、江苏、重庆、湖南等省份。作为南方煤炭基地和电力供应主要省份，

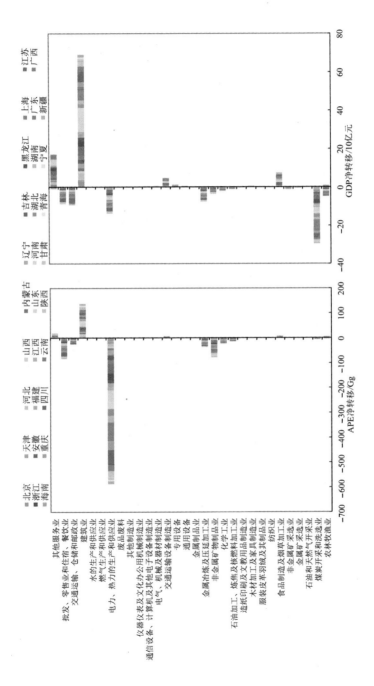

图 4-16 贵州与其他省份分行业 APE 和增加值转移

贵州省通过为上述省份提供电力作为中间产品，相应也承担了上述省份的大气污染转移。另外，贵州省与其他省份贸易过程中 APE 净流出总量仅为 180 Gg，约是其 APE 净流入的 1/5，流出行业主要为建筑业和其他服务业 2 个行业，分别净流出 APE 排放为 139 Gg、18 Gg，分别占净流入总额的 77%、10%。其中建筑业 APE 净流出主要为山东、河南、云南等省份。上述省份是能源和污染密集产品主要生产大省，表明贵州省从上述省份进口建筑材料的过程中将部分 APE 排放转移到了其他省份。

从行业增加值转移来看，贵州省与其他省份的行业增加值转移的行业与 APE 转移的行业特征较为相似。贵州省各行业贸易隐含的增加值净流入总额为 810 亿元，主要为煤炭开采和选洗业、电力热力的生产和供应业、交通运输仓储和邮政业、批发零售和住宿餐饮业等行业，分别流入增加值 296 亿元、138 亿元、90 亿元和 88 亿元，分别占流入总额的 37%、17%、11%、11%。可以看出贵州省增加值净流入主要以煤炭开采及下游的电力生产为主。作为我国南方主要的煤炭和电力生产基地，贵州省在为周边发达及其他省份提供电力的同时获得了相应的经济收益。另外，贵州省行业增加值净流出总额为 1 006 亿元，主要行业为建筑业、其他服务业、食品制造及烟草加工业等行业，分别流出增加值 692 亿元、161 亿元、75 亿元，分别占流出总额的 69%、16%、7%。其中，建筑业增加值净流出省份为河南、山东、广东、四川、江苏，合计占贵州省增加值净流出总额的 40%。上述省份中既有能源、钢铁、建材等建筑行业上游产品生产大省，也有较为发达的广东、江苏等。

总体来看，在贵州省 APE 和增加值净转移的主要行业转移方向基本一致，但部分行业净转移量级上存在差距。如在电力热力的生产和供应业流入了 69% 的 APE 排放，但基本没有 APE 净流入。而电力热力生产和供应业占 APE 净流入的 35%，但仅占增加值净流入的 17%。这也是其成为

Group IV 的主要原因。在区域间贸易中扮演着经济和环境双输的角色，通过为高端生产者提供电力等初端产品承担了大量的 APE 排放，但由于高端产业太弱，因此在贸易过程中输入了部分经济收益。

## 4.4　本章小结

### 4.4.1　主要结论

中国区域间贸易隐含显著环境不公平。大气污染转移流出地主要以京津、长三角、珠三角等发达地区为主，而流入地主要以内蒙古、山西、河北、河南等资源能源富集的省份为主。分析结果表明，部分东部发达地区（如北京、天津、江苏、上海）将 APE 通过省际贸易间接转移到欠发达区域，由于其自身具备发展的先发优势，在将污染转移出去的同时反而在贸易中获得额外的 GDP 净流入。而位于西部偏远省份或发达省份周边的省份在省际贸易过程中承接了发达地区的 APE 转移，但是由于经济处于后发劣势，在贸易过程中并没有或者足够 GDP 补偿，反而流失了 GDP。从具体省份对来看，区域间贸易导致的环境不公平主要发生在山西、河南等中部省份以及贵州、云南、甘肃、青海、宁夏等西部省份与北京、天津、上海等直辖市以及江苏、浙江、广东等沿海发达省份之间。一些欠发达省份在承担了发达地区的大气污染的同时，并没有获得任何经济上的应有的补偿。

中国区域间的环境不公平是中国长期以来区域发展的不均衡的外在表现。自 1978 年实行改革开放以后，中国政府实现"优先发展东部沿海"的战略，使得东部沿海地区得以迅速发展起来，一并带来的是沿海地区与中西部省份巨大的经济发展差距。2012 年，中国 GDP 总量最高的省份——广东省的 GDP 分别是西藏、青海、贵州的 82 倍、30 倍和 8 倍，比 GDP 总量最少的 9 个省份（基本都是西部欠发达省份）的总和还要多。随后，中国中央政府分别在 2000 年、2004 年分别实施了"西部大开发战略""中部崛起战略"以及"振兴东北"战略。但是由于东部沿海地区的先发优势与中西部地区的后发劣势已经形成，东部省份在逐渐达到中等发达水平以后，其产业逐渐向服务业、高新技术产业以及更加先进制造业发展，逐渐将高污染、高资源消耗性产业和落后的技术转入中部和西部地区（Zhang et al., 2015），形成中国区域经济自东向西的梯度转移，其结果是导致中部能源密集性省份和西部欠发达省份大气污染排放强度要明显高于东部沿海省份（生产相同数量产品排放更多大气污染物），在省际贸易过程也就承受更多大气污染排放，这是导致欠发达地区在省际贸易过程中承接大气污染转移时反而流失 GDP 的原因之一。

另外一个重要原因则是第三产业发展水平过低。由于处在初级发展阶段，具有高附加值、低污染排放特征的第三产业在中西部省份（尤其是西部省份）中所占比重较低。因此，在区域贸易过程中只能承受具备高发展水平的第三产业的发达地区（如北京）的大气污染转移。

### 4.4.2　政策建议

第一，改革现有的能源产品价格管制体系，将大气污染的外部成本内生，即产品价格中应包含大气污染治理和环境损害的成本。长期以来，中国的电力、天然气、石油、煤炭价格均受到政府一定程度的管控，同时由于西部地区污染排放标准不严，因此中西部大气污染密集产品的环境治理成本难以完全考虑在价格中。目前，我国在最新发布《生态文明体制改革总体方案》（*The State Council of China*，2015）和《中共中央国务院关于推进价格机制改革的若干意见》（*The State Council of China*，2015）等官方文件中已经明确指出要改革石油、天然气、电力等领域的价格，更多体现市场定价机制。考虑到当前大气污染形势，建议尽快推进我国能源产品的价格改革，使得大气污染治理成本能够充分反映到价格中，从而为中西部能源基地提供充足的污染治理资金。

第二，在当前区域大气污染联防联控机制中，构建基于生产端和消费端结合的区域大气污染减排责任分担机制，不仅仅从生产端角度来认定减排责任，也同时要考虑一个区域消费驱动的污染排放及其减排责任。在这种分担机制下，通过协调发达省份（如北京）与欠发达省份建立污染治理的资金和技术的协作机制，共同推进区域整体的大气污染治理。

第三，建立精细化的责任分担大气污染治理补偿政策。一方面，可以通过利用征收资源环境相关的税收，从中央角度在区域转移支付过程中对大气污染治理任务重的省份或区域转移支付一定资金专款用于大气污染治理。另一方面，开展跨区域大气污染排污权交易也是一种较好的经济手段，通过排放权交易促进欠发达地区的减排积极性。从融资角度也可以通过成立区域联合性质的环境保护基金（如京津冀大气污染治理基金）或中央和地方政府注资，吸引社会资本共同推动大气污染治理。

# 第5章 出口导致的省际大气污染转移及公平性分析

## 5.1 研究背景

随着中国 1978 年向世界打开国门，尤其是 2001 年进入 WTO，中国逐渐成为世界工厂（图 5-1）。2001—2015 年，中国商品出口年均增长率达到 16.1%（National Bureau of Statistics，2016）。2016 年，中国贡献了全球 13.2%的商品出口量，成为世界第一大出口国（WTO，2017）。出口的快速增长也促进了中国经济的迅猛增长，中国已经在 2006 年超过日本成为第二大经济体。然而，中国取得的这些卓越的经济成效一定程度上是以生态资源消耗和环境污染为代价的。中国在全球贸易体系中崛起的过程中，同样也遭受了严重环境污染，尤其是空气污染（Minx et al.，2011）。这其中，出口是中国大气污染问题的重要驱动因素之一（Peters et al.，2011；Liu and Wang，2015；Zhang et al.，2017）。例如，相关研究表明，2007 年，中国的 15%、21%、23%和 21%工业一次 $PM_{2.5}$、$SO_2$、$NO_x$ 以及 VOCs 排放是由于外贸出口带来的（Zhao et al.，2015）。另外，中国出口导致的 $PM_{2.5}$ 排放分别占美国、日本以及西欧消费端排放的 27%、29%和 26%（Meng et al.，

108

2016）。出口导致的污染排放也引起全球空气中气溶胶（Lin et al.，2016）、
PM$_{2.5}$（Jiang et al.，2015）、硫酸盐、臭氧、黑炭以及一氧化碳等浓度升高
（Lin et al.，2014），进而引起明显的环境健康问题（Liang et al.，2017）。
根据已有研究估计，中国 2007 年由于 PM$_{2.5}$ 导致的过早死亡人口中，约 12%
是由于出口驱动带来的（Jiang et al.，2015）。

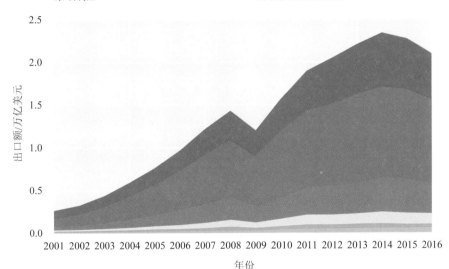

图 5-1　中国 2001—2016 年各类商品出口价值量

　　另外，出口在一定程度上加重了我国的区域排放不均衡。由于区域产
业结构、资源禀赋以及技术先进性不同，沿海发达地区发展更快，且产品

结构主要以高附加值低排放产品为主，如设备、家电、汽车等；而欠发达的中西部内陆省份生产的产品更多是低附加值高污染密集型产品，如矿产、钢铁、水泥、火电等（Jiang et al.，2015）。从全国产业分工角度来看，为了满足沿海省份的出口需求，欠发达的中西部省份在生产中间产品提供给发达省份过程中承担了大量的大气污染排放（Guo et al.，2012；Feng et al.，2013；Liang et al.，2014；Zhang et al.，2014；Liu and Wang，2017；Zhao et al.，2017）。有研究显示，中部、西北以及西南等区域在给沿海地区供给污染密集型产品作为沿海省份加工出口品的中间品的过程中，导致本地产生了 50% 左右的大气污染排放（Zhao et al.，2015）。针对京津冀区域，中国大气污染最严重的区域，河北 2010 年本地排放的 8%～30% 的大气污染是为了支持北京的出口商品生产（Zhao et al.，2016）。总之，已有研究表明，欠发达区域的污染导致的健康和生态破坏一定程度上是由于生产出口商品（Wang et al.，2017）。

　　出口不仅是国家间产品的交换，同时也隐藏了污染的转移（Prell et al.，2014；Takahashi et al.，2014；Nagashima et al.，2016；Zhao et al.，2016）。从全球尺度来看，已有研究表明，发达国家在全球贸易过程中获得了更多份额的增加值，而欠发达国家则承担了更多份额的污染和负面健康影响（Prell et al.，2014；Prell and Sun，2015；Prell et al.，2015；Tang et al.，2015）。针对中国来说，由于能源结构和产业结构的原因，中国在提供能源密集或污染密集型产品过程中，承担的污染排放也与其获得的经济收益存在较大不匹配问题（Prell et al.，2014；Yu et al.，2014；Prell and Sun，2015；Prell et al.，2015；Prell，2016）。考虑到中国辽阔的面积以及国内显著的区域经济差距，隐含于国内跨地区产业链的污染转移和经济收益转移的不匹配问题同样有可能存在，然而当前却没有受到足够的重视（Feng et al.，2013）。因此，本章将通过基于多区域投入产出模型和大气污染物排放清单，评估各省份对外出口引起的国内各省份经济收益与污染负担的错位问题，从而揭示隐含于出口中的不平等问题，为国内绿色产业链构建以及跨区域大气污染治理措施的制定提供决策支持。

## 5.2　模型构建

### 5.2.1　技术原理

图 5-2 所示是本章的分析原理与框架。假设一个国家内共有 A、B、C 三个区域，每个区域有 $i$、$j$ 两个部门。假设区域 A 的部门 $i$ 出口该部门的商品 $i$ 到国外，那么部门 $i$ 在生产商品 $i$ 过程中获得的额外价值（即增加值或 GDP）为部门 $i$ 出口获得的直接收益；生产商品 $i$ 过程中排放的大气污染物（即 APE）为部门 $i$ 出口承担的直接排放。另外，区域 A 的其他部门 $j$ 在为部门 $i$ 生产商品过程中提供中间产品获得的经济收益和污染排放可以认为是商品 $i$ 出口的间接收益和间接排放，区域 B 的部门 $i$ 和 $j$ 通过为区域 A 的部门 $i$ 和 $j$ 提供中间产品获得的经济收益也分别为区域 B 获得的间接收益和间接排放，区域 C 的部门 $i$ 和 $j$ 在为区域 A 和 B 的两个部门提供中间产品时也会获得相应的间接收益和间接排放。那么出口商品 $i$ 获得的总经济价值和排放的总大气污染均通过跨区域产业链传导给区域 B 和 C。也就是说，区域 B 和 C 在区域 A 的出口商品生产过程中为其提供了相应的中间产品，也获得了相应的经济收益和污染排放。

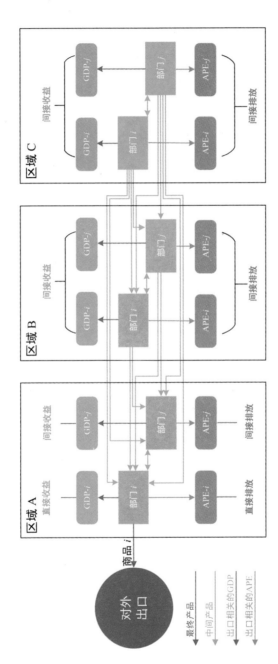

图 5-2　隐含于商品出口的直接和间接经济收益与污染排放分析原理

## 5.2.2　基本模型

由于本章主要研究对象是国外出口，因此，在式（4-1）和式（4-2）中，将表示国内省际贸易的 $\boldsymbol{y}^d$ 替换为表示出口到国外的 $\boldsymbol{y}^e$，则可以得到：

$$E_e = \hat{\boldsymbol{f}} \times (I - A)^{-1} \times \boldsymbol{y}^e \qquad (5\text{-}1)$$

$$V_e = \hat{\boldsymbol{d}} \times (I - A)^{-1} \times \boldsymbol{y}^e \qquad (5\text{-}2)$$

式中，符号^表示对角矩阵，$E_e$ 表示由于出口商品生产通过国内产业链导致全国各地区的污染物排放总量；$V_e$ 表示由于出口商品通过国内产业链为全国各地区增加值的增长量。

## 5.2.3　各省份出口相关的大气污染排放核算

令 $\hat{\boldsymbol{y}}^{se}$ 和 $\hat{\boldsymbol{y}}^{re}$ 分别表示任意区域 $s$ 和 $r$ 的国际出口的对角矩阵，该矩阵中仅有区域 $s$ 或 $r$ 的出口数据，其他地区数据均为 0。那么就有：

$$E^{rs} = \hat{\boldsymbol{f}}^r (I - A)^{-1} \hat{\boldsymbol{y}}^{se} \qquad (5\text{-}3)$$

$$E^{sr} = \hat{\boldsymbol{f}}^s (I - A)^{-1} \hat{\boldsymbol{y}}^{re} \qquad (5\text{-}4)$$

式中，$\hat{\boldsymbol{f}}^r$ 和 $\hat{\boldsymbol{f}}^s$ 分别表示区域 $r$ 和 $s$ 的排放强度系数，即该对角矩阵中仅有区域 $r$ 或 $s$ 的排放强度系数，其他地区的排放强度系数均为 0。则 $E^{rs}$ 表示区域 $s$ 在生产出口商品过程中通过产业链导致区域 $r$ 的大气污染物排放量，在本研究中定义为区域 $s$ 到区域 $r$ 的出口隐含大气污染物转移（trade-embodied flows of APE emissions）；同理。$E^{sr}$ 表示区域 $r$ 在生产出口商品过程中通过产业链导致区域 $s$ 的大气污染物排放量，在本研究中定义

为区域 $r$ 到区域 $s$ 的出口隐含大气污染物转移。如果 $s=r$，$E^{sr}$ 或 $E^{rs}$ 表示该区域生产出口商品过程中造成本地所有行业的大气污染排放。

进一步可以得到：

$$E_t^r = \sum_{s=1}^{m} \hat{f}^r (I - A)^{-1} \hat{y}^{se} \tag{5-5}$$

$$E_e^r = \sum_{s=1}^{m} \hat{f}^s (I - A)^{-1} \hat{y}^{re} \tag{5-6}$$

式中，$E_t^r$（下角 t= territorial）表示区域 $r$ 通过跨区域产业链在为包括本区域在内的所有区域生产出口商品过程中提供中间产品和本地区生产最终产品过程中排放的污染物总量，在本研究中称为地区核算的污染物排放（territorial emissions）。$E_e^r$（下角 e= export-related）表示区域 $r$ 在生产本地区出口商品过程中通过跨区域产业链消耗包括本区域在内的所有区域生产中间商品过程中排放的污染物总量（上述污染排放实际发生在所有区域），在本研究中称为出口相关的污染物排放（export-related emissions）。

### 5.2.4　各省份出口相关的增加值核算

同样，$\hat{y}^{se}$ 和 $\hat{y}^{re}$ 分别表示任意区域 $s$ 和 $r$ 的国际出口的对角矩阵，该矩阵中仅有区域 $s$ 或 $r$ 的出口数据，其他地区数据均为 0。那么就有：

$$VA^{rs} = \hat{d}^r (I - A)^{-1} \hat{y}^{se} \tag{5-7}$$

$$VA^{sr} = \hat{d}^s (I - A)^{-1} \hat{y}^{re} \tag{5-8}$$

式中，$\hat{d}^r$ 和 $\hat{d}^s$ 分别表示区域 $r$ 和 $s$ 的增加值系数，即该对角矩阵中仅有区域 $r$ 或 $s$ 的增加值系数，其他地区的增加值系数均为 0。则 $VA^{rs}$ 表示

区域 $s$ 在生产出口商品过程中通过产业链引起区域 $r$ 的增加值增量，在本研究中定义为区域 $s$ 到区域 $r$ 的出口隐含增加值转移（trade-embodied flows of value added）；同理，$VA^{sr}$ 表示区域 $r$ 在生产出口商品过程中通过产业链导致区域 $s$ 的增加值增量，在本研究中定义为区域 $r$ 到区域 $s$ 的出口隐含增加值转移。如果 $s=r$，$VA^{sr}$ 或 $VA^{rs}$ 表示该区域生产出口商品过程中为本地所有行业的增加值贡献。

进一步可以得到：

$$VA_t^r = \sum_{s=1}^{m} \hat{\boldsymbol{d}}^r (I-A)^{-1} \hat{\boldsymbol{y}}^{se} \tag{5-9}$$

$$VA_e^r = \sum_{s=1}^{m} \hat{\boldsymbol{d}}^s (I-A)^{-1} \hat{\boldsymbol{y}}^{re} \tag{5-10}$$

式中，$VA_t^r$（下角 $t=$ territorial）表示区域 $r$ 通过跨区域产业链在为包括本区域在内的所有区域生产出口商品过程中提供中间产品和本地区生产最终产品过程中获得的增加值，本研究中称为地区核算的增加值（territorial value added）；$VA_e^r$（下角 $e=$ export-related）表示区域 $r$ 在生产本地区出口商品过程中通过跨区域产业链消耗包括本区域在内的所有区域生产中间商品过程中带动的增加值总量（上述污染排放实际发生在所有区域），在本研究中称为出口相关的增加值（export-related value added）。

## 5.2.5　出口环境不公平指数

为了表征在生产出口商品过程中本地和上游产业链地区获得的增加值与承担的大气污染转移在比例上的不平等程度，本研究构建了一个出口环境不公平指数，即 APE-GDP 指数或 AG 指数，单位为 g/元。

$$AG^{rs} = \frac{E^{rs}}{VA^{rs}} \qquad (5\text{-}11)$$

式中，$AG^{rs}$ 表示区域 $r$ 在为区域 $s$ 生产出口产品提供中间产品过程中，本地增加 1 元增加值的同时本地承担的大气污染物排放量。

## 5.3 结果分析

### 5.3.1 中国 2012 年商品出口分析

图 5-3 显示了中国及各省 2012 年分行业出口总额，2012 年，中国出口总额达到 13.69 万亿元人民币（约等于 2.17 万亿美元），相当于全球 11% 的出口总额。其中，从全国来看，中国的商品出口主要以电子设备、电器设备、服装以及化工产品为主，分别占全国出口总额的 22.2%、8.0%、7.6%、7.6%，合计约占 45%。其中电子产品成为我国出口的主要产品。另外，从各省来看，广东、江苏、浙江、山东、福建、辽宁、北京、天津等沿海发达省份是中国出口最多的省份，合计约占中国出口总额的 80%。其中广东出口最多，达到全国总额的 24.3%（3.33 万亿元），约为中部、西南、西北 3 个区域 17 个省份出口总额的 1.5 倍。广东出口商品主要以电子产品、电器产品以及服装类为主，占广东出口总额的 56%。广东的电子产品出口占全国的 41%，成为我国主要的电子产品生产基地。另外，从其他区域来看，京津区域出口主要以电子产品和服务为主（占比为 43%）；北部区域主要以化工产品为主（占比为 14.3%）；交通运输设备和通用设备分别是老工业基地东北区域出口总额的 11.8% 和 8.8%。

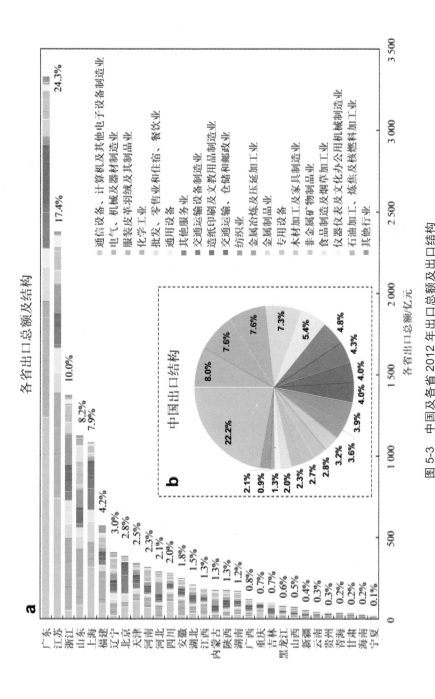

图 5-3 中国及各省 2012 年出口总额及出口结构

### 5.3.2　中国八大区域间出口导致的 APE 和 GDP 转移

本研究对 2012 年中国外贸出口产品隐含的 GDP 和 APE 进行测算，并核算了这些 GDP 和 APE 随着产业供给链传导到各区域，最终得到的各区域的 GDP 和 APE。如图 5-4 所示，中国 2012 年外贸出口总额为 13.688 万亿元，其中京津地区占出口总额的 5% 左右，约为 7 227 亿元；东部沿海占出口总额的 35%（4.83 万亿元），南部沿海占出口总额的 29%（3.92 万亿元）。上述三个发达区域占中国出口总额的 69%。西北、东北、北部、东南以及中部等 5 个区域占中国出口总额的 3%～10%，总共约占 31%（4.21 万亿元）。其中西北区域面积最大，但由于西部地区产业结构单一且比较初级，因此出口占比最小，仅为 3%，仅为东部沿海的 1/11。

从图 5-4 中可以看出，各地区的产品出口隐含的 GDP 收益和 APE 污染，表示某地区出口商品总共拉动的 GDP 增加和带来的污染排放，其中既包含本地区生产最终品过程中的 GDP 和 APE，同时也包含其他区域为该地区提供中间产品和服务过程中获得的 GDP 和带来的 APE 污染。可以看出，中国外贸出口带动中国各地区 GDP 增加共计 10.506 万亿元，这其中东部沿海地区产品中隐含的 GDP 最多，占出口隐含 GDP 的 35%；其次是南部沿海地区（28%）和北部地区（11%）。总体来看，各地区出口品隐含 GDP 占比与出口品的全国比重基本相同。但是从 APE 来看，与上述比例有明显差别。中国外贸出口导致各地区 APE 排放增加共计 11 259 Gg。从商品隐含 APE 来看，东部沿海出口商品的隐含的 APE 排放为 3 275 Gg，占出口带来的总排放的 29%，虽然仍为最多，但相比较于其带来的 35% 的 GDP 增加，减少了 6%。这表明，东部沿海地区出口产品从全产业链角度来说，其附加值要高于污染排放，如电子、电器等行业。同样南部沿海和京津地区出口隐含的 APE 占比也要低于其带来的 GDP 比重，分别为 23%

118

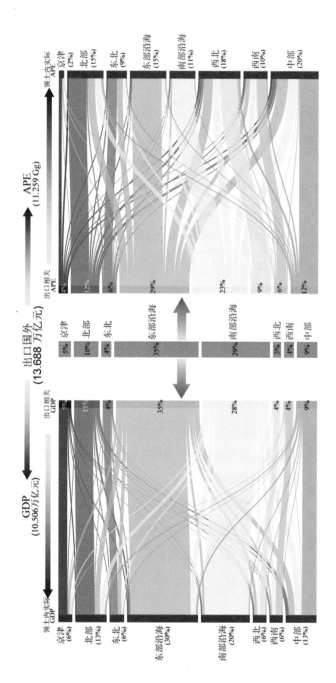

图 5-4　中国出口贸易导致的 APE 和 GDP 在八大区域间的转移

119

和 4%，较 GDP 比重分别低 5 个百分点和 1 个百分点。而剩下的其他欠发达区域，其出口产品隐含的 APE 占比要明显高于出口带来的 GDP 比重。例如，中部地区为 12%，高出 3 个百分点；西北地区外贸出口占全国比重仅为 3%，但隐含的大气污染占比为 9%，其隐含的 GDP 也仅为 4%。这表明，上述区域出口品属于低附加值高污染产品，在出口过程中，其带来的 GDP 要低于其带来的污染。

图 5-4 同样分析了上述区域出口隐含 GDP 和 APE，通过产业链分解后，得到各地区本地排放占比，即本地区在本地区出口最终产品和为其他地区提供中间产品过程中直接和间接获得的经济收益和承担的大气污染排放。总体来看，东部沿海地区是中国外贸出口获益最大的区域，获得了出口带来的 GDP 总额的 30%（3.12 万亿元），但是其最终承担的 APE 排放仅为出口导致的总 APE 排放的 15%（1 706 Gg）；南部沿海同样是获益第二大的区域，其享受了出口 20% 的 GDP 收益，但仅仅承担了 11% 的污染排放，其将 9% 的污染排放通过消耗其他地区产品转移了出去。而其他欠发达区在中国出口过程中，获得 GDP 收益要显著小于其最终承担的大气污染排放。其中，中部地区最终得到了全国出口带来的 13% 的 GDP 收益，但是却要承担出口导致的 20% 的 APE 排放（2 278 Gg）；西北地区最终得到了全国出口带来的 6% 的 GDP 收益，但是却要承担出口导致的 18% 的 APE 排放（1 970 Gg）；西南地区最终得到了全国出口带来的 6% 的 GDP 收益，但是却要承担出口导致的 10% 的 APE 排放（1 143 Gg）。总体来看，在中国出口过程中，京津和发达沿海地区获得的经济收益要明显大于其最终承担的大气污染排放，而其他欠发达地区获得的经济收益则要明显小于其最终承担的大气污染排放，经济收益与承担的大气污染排放差距最大的是西北地区。

图 5-5 显示的是八大区域 AG 指数矩阵。图中的数字从横向来看表示

一个地区在参与其他地区的最终商品出口过程中每获得 1 元 GDP 收益需要承担的 APE 排放量，从纵向来看表示一个地区在制造出口商品过程中，分配给其他地区 1 元 GDP 收益需要其他地区为该地区承担的大气污染排放量。总体来看，中国八大区域间的 AG 指数为 0.4～4.0 g/元。其中最高值发生在东北—西北和京津—西北之间，分别为 4.0 g/元和 3.7 g/元，表明西北地区在为东北地区和京津地区出口商品提供中间产品过程中，每获得 1 元 GDP 需要相应承担 4.0 g 和 3.7 g 大气污染排放。

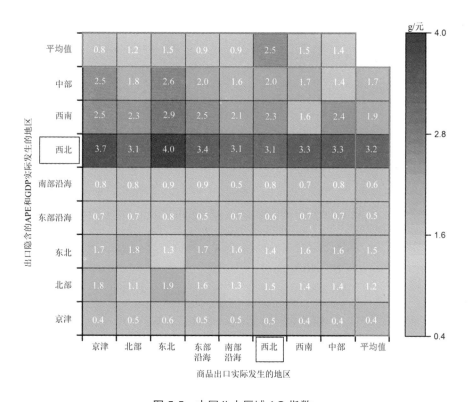

图 5-5　中国八大区域 AG 指数

从横向来看，西北地区与其他地区的 AG 指数最高，为 3.1～4.0 g/元，平均值为 3.2 g/元；AG 指数次高的是西南地区，为 1.6～2.9 g/元，平均值为 1.9 g/元；AG 指数第三高的是中部地区，为 1.4～2.6 g/元，平均值为 1.7 g/元；另外，东北地区和北部地区 AG 指数平均值分别为 1.5 g/元和 1.2 g/元。总体来说，上述省份 AG 指数均大于 1 g/元，表明这些地区在其他地区，或者说中国出口过程中获得 1 元的 GDP 收益需要相应承担的大气污染排放高于 1 g。但经济发达的沿海地区，其 AG 指数要明显小于上述内陆地区，京津地区 AG 指数为 0.4～0.6 g/元，平均值为 0.4 g/元；东部沿海 AG 指数为 0.5～0.8 g/元，平均值为 0.5 g/元；南部沿海 AG 指数为 0.5～0.9 g/元，平均值为 0.6 g/元；总体来看，内陆欠发达省份 AG 指数是上述三个沿海发达区域的 4～8 倍。

从纵向来看，表明各地区在出口 1 元本地产品过程中需要其他地区承担的大气污染排放。八大区域的平均值为 0.8～2.5 g/元。其中京津地区、东部沿海和南部沿海的平均值分别为 0.8 g/元、0.9 g/元、0.9 g/元，表明上述发达地区在出口 1 单位本地产品过程中需要其他地区（含自己）总共承担 0.8 g、0.9 g、0.9 g 的大气污染排放；剩下的欠发达地区的 AG 指数平均值则为 1.2～2.5 g/元，均大于 1g/元。其中最大的仍然是西北地区，达到了 2.5 g/元，表明西北地区出口商品，其他地区每获得 1 元经济收益需要为西北地区承担 2.5 g 的大气污染排放。上述结果可以间接表明，发达地区的出口产品相对于欠发达地区出口的商品更加"清洁"。

根据图 5-5 可以看出，西北地区为其他地区出口产品承担的大气污染平均成本最高，同时其他地区为该地区出口产品承担的污染平均成本也最高。因此，本研究对西北地区与其他地区的地区间贸易产品开展进一步分析，进而寻找其中的内在原因。图 5-6 显示了 2012 年西北地区出口到其他地区的产品（左半部分）以及进口其他地区的产品（右半部分）。

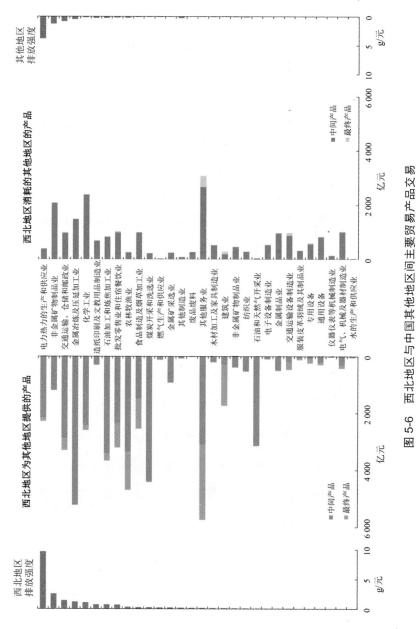

图 5-6　西北地区与中国其他地区间主要贸易产品交易

注：数据来源于 2012 年中国 MRIO 表。

可以看出，西北地区出口到其他地区的产品贸易总值要显著大于进口其他地区的产品贸易总额。2012 年西北地区进口其他地区的商品和服务总额为 2.22 万亿元，其中 96%是中间产品，4%为最终产品。从进口产品的污染排放强度来看，前五个排放强度大的行业——电力热力生产、非金属产品、交通运输与仓储、金属冶炼和化工行业进口产品以中间产品为主，上述高污染产品总额为 7 321 亿元，占所有进口产品的 33%。另外，西北地区 2012 年向其他地区出口商品总额为 4.85 万亿元，是其从其他地区进口总额的 2.2 倍左右，其中 80%为中间产品，20%为最终产品。从进口的产品的污染排放强度来看，前五个排放强度大的行业同样以中间产品为主，上述高污染产品总额为 1.46 万亿元，占所有出口产品的 30%；前 11个出口到其他地区的高排放强度产品总额为 3.34 万亿元，占所有出口产品的 69%。综上所述，西北地区与其他地区的产品交易主要为电力、非金属以及金属冶炼等大气污染高排放行业，这导致该地区在参与其他地区出口产品生产过程中以及出口本地产品过程中获得单位经济收益所要承担的大气污染排放高于其他地区（图 5-7）。

### 5.3.3  中国六个主要出口省份出口带来的 GDP 和 APE

从图 5-3 可以看出，我国出口最多的省份分别是广东、江苏、浙江、山东、上海和福建 6 个沿海省份，它们 2012 年出口总额合计占全国出口总额的 72%。因此，我们将分别分析上述省份的产品对外出口将对其他省份的 APE 和 GDP 的双溢出效应，并测算各省份的 AG 指数。

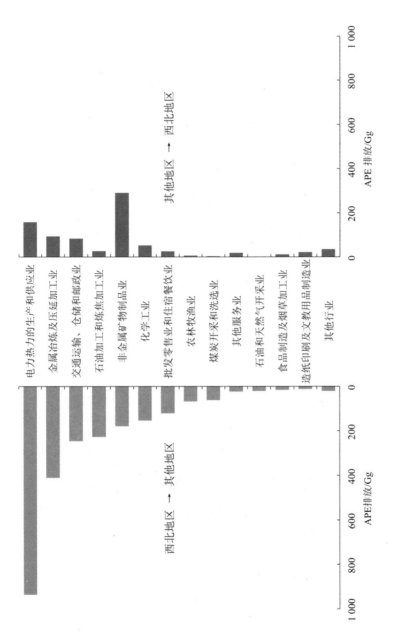

图 5-7　西北地区与中国其他地区间中间产品交易导致的 APE 排放

广东出口的溢出效应见表 5-1。广东 2012 年出口总额为 3.33 万亿元，占全国出口总额的 24%。从经济效益来看，广东省的出口总共将拉动全国 GDP 增加 24 504 亿元。其中，所有增加的 GDP 中，64%（1.57 万亿元）留在了广东本地，而其他地区在为广东提供中间产品和服务过程中，仅获得了最终出口产品带来的 GDP 的 36%；而从大气污染来看，广东省出口导致全国 APE 排放增加了 2 129 Gg。其中，仅有 36%（769 Gg）的 APE 直接排放在了本地，而其他地区在为广东出口商品提供中间产品和服务过程中承担了另外 64%的 APE 排放。其他地区中，山东、河南、河北、内蒙古、山西以及贵州等能源省份及主要生产污染密集型产品（钢铁、玻璃、水泥等）的省份在为广东提供中间产品过程中额外增加的 APE 排放最多，分别为 115 Gg、97 Gg、91 Gg、85 Gg、82 Gg 和 73 Gg，上述 6 省份 APE 排放占除广东外其他省份 APE 总排放量的 40%。然而从经济收益来看，上述省份通过提供中间产品获得的 GDP 合计仅为 2 774 亿元，占除广东外其他省份 GDP 收益的 31%。

从 AG 指数来看，其他省份 AG 指数呈现从沿海地区逐渐向西部地区增加的趋势。其中福建、上海、浙江、北京、海南、江苏、天津等东部沿海发达省份 AG 指数为 0.3～1.0 g/元，表明上述省份在参与广东省出口过程中，每获得 1 元的 GDP 收益，需要承担 0.3～1.0 g APE 排放，其获得的经济收益相对较多，而承担的污染排放相对较少；我国中部、东北及部分西部省份 AG 指数为 1.0～2.0 g/元，处于中等水平；内蒙古、甘肃、新疆、青海、山西等西部省份以及云南、贵州等省份 AG 指数为 2.0～7.0 g/元，处于较高水平；而位于西北的宁夏回族自治区 AG 指数高达 7.21 g/元，表明宁夏在为广东出口提供中间产品过程中，每获得 1 元的 GDP 收益，需要承担 7.21 g APE 排放，是东部沿海省份平均水平的 10 倍左右。

表 5-1　广东出口产品隐含的 APE 与 GDP 溢出效应及各省的 AG 指数

| 省份 | APE | | GDP | | AG 指数 |
|---|---|---|---|---|---|
| | 排放量/Gg | 占比/% | 收益/亿元 | 占比/% | |
| 北京 | 8.3 | 0.4 | 269.1 | 1.1 | 0.3 |
| 上海 | 15.1 | 0.7 | 339.8 | 1.4 | 0.4 |
| 广东 | <u>768</u> | <u>36.1</u> | <u>15 678.5</u> | <u>64.0</u> | <u>0.5</u> |
| 天津 | 14.4 | 0.7 | 210.0 | 0.9 | 0.7 |
| 浙江 | 33.6 | 1.6 | 468.3 | 1.9 | 0.7 |
| 江苏 | 52.6 | 2.5 | 715.5 | 2.9 | 0.7 |
| 海南 | 6.4 | 0.3 | 85.2 | 0.3 | 0.8 |
| 福建 | 22.6 | 1.1 | 265.8 | 1.1 | 0.9 |
| 山东 | 114.7 | 5.4 | 1 108.6 | 4.5 | 1.0 |
| 四川 | 50.5 | 2.4 | 393.9 | 1.6 | 1.3 |
| 湖南 | 65.2 | 3.1 | 501.8 | 2.0 | 1.3 |
| 安徽 | 31.6 | 1.5 | 235.0 | 1.0 | 1.3 |
| 湖北 | 56.6 | 2.7 | 401.1 | 1.6 | 1.4 |
| 江西 | 36.2 | 1.7 | 250.8 | 1.0 | 1.4 |
| 辽宁 | 42.0 | 2.0 | 282.9 | 1.2 | 1.5 |
| 河南 | 97.3 | 4.6 | 621.5 | 2.5 | 1.6 |
| 吉林 | 19.3 | 0.9 | 118.2 | 0.5 | 1.6 |
| 广西 | 52.5 | 2.5 | 319.9 | 1.3 | 1.6 |
| 重庆 | 34.3 | 1.6 | 203.0 | 0.8 | 1.7 |
| 黑龙江 | 30.0 | 1.4 | 172.4 | 0.7 | 1.7 |
| 陕西 | 55.4 | 2.6 | 292.1 | 1.2 | 1.9 |
| 河北 | 91.3 | 4.3 | 417.4 | 1.7 | 2.2 |
| 云南 | 41.2 | 1.9 | 157.0 | 0.6 | 2.6 |
| 青海 | 11.7 | 0.6 | 38.4 | 0.2 | 3.1 |
| 内蒙古 | 84.8 | 4.0 | 256.4 | 1.0 | 3.3 |
| 甘肃 | 41.7 | 2.0 | 120.9 | 0.5 | 3.5 |
| 山西 | 81.5 | 3.8 | 226.2 | 0.9 | 3.6 |
| 新疆 | 61.9 | 2.9 | 163.0 | 0.7 | 3.8 |
| 贵州 | 73.1 | 3.4 | 144.1 | 0.6 | 5.1 |
| 宁夏 | 34.2 | 1.6 | 47.5 | 0.2 | 7.2 |

福建出口的溢出效应见表 5-2。福建 2012 年出口总额为 5 704 亿元，占全国出口总额的 4.2%。从经济效益来看，福建省的出口将拉动全国 GDP 增加 4 588 亿元。其中，所有增加的 GDP 中，60%（2 763 亿元）留在了福建本地，而其他地区在为福建提供中间产品和服务过程中，仅获得了最终出口产品带来的 GDP 的 40%；而从大气污染来看，福建省出口导致全国 APE 排放增加了 439 Gg。其中，仅有 45%（197 Gg）的 APE 直接排放在了本地，而其他地区在为福建出口商品提供中间产品和服务过程中承担了另外 55%的 APE 排放。在其他地区中，山东、内蒙古、山西、河南、河北和江苏等能源省份，以及主要生产污染密集型产品的省份在为福建提供中间产品过程中额外增加的 APE 排放最多，分别为 24 Gg、20 Gg、18 Gg、16 Gg、15 Gg 和 14 Gg，上述 6 个省份 APE 排放占除福建外其他省份 APE 总排放量的 44%。然而从经济收益来看，上述省份通过提供中间产品获得的 GDP 合计仅为 760 亿元，占除福建外其他省份 GDP 收益的 42%。

表 5-2　福建出口产品隐含的 APE 与 GDP 溢出效应及各省的 AG 指数

| 省份 | APE | | GDP | | AG 指数 |
|---|---|---|---|---|---|
| | 排放量/Gg | 占比/% | 收益/亿元 | 占比/% | |
| 北京 | 2.2 | 0.5 | 58.2 | 1.3 | 0.4 |
| 上海 | 3.8 | 0.9 | 85.1 | 1.9 | 0.4 |
| 天津 | 2.8 | 0.6 | 42.5 | 0.9 | 0.7 |
| 江苏 | 13.6 | 3.1 | 197.0 | 4.3 | 0.7 |
| 福建 | <u>196.9</u> | <u>44.8</u> | <u>2 762.8</u> | <u>60.2</u> | <u>0.7</u> |
| 浙江 | 11.5 | 2.6 | 149.4 | 3.3 | 0.8 |
| 海南 | 0.7 | 0.2 | 8.5 | 0.2 | 0.8 |
| 广东 | 8.3 | 1.9 | 98.7 | 2.2 | 0.8 |
| 山东 | 24.4 | 5.6 | 259.8 | 5.7 | 0.9 |
| 安徽 | 10.4 | 2.4 | 86.2 | 1.9 | 1.2 |
| 湖南 | 5.7 | 1.3 | 46.8 | 1.0 | 1.2 |

| 省份 | APE | | GDP | | AG 指数 |
|---|---|---|---|---|---|
| | 排放量/Gg | 占比/% | 收益/亿元 | 占比/% | |
| 江西 | 8.5 | 1.9 | 69.8 | 1.5 | 1.2 |
| 四川 | 5.4 | 1.2 | 43.8 | 1.0 | 1.2 |
| 湖北 | 7.3 | 1.7 | 56.1 | 1.2 | 1.3 |
| 辽宁 | 8.9 | 2.0 | 65.4 | 1.4 | 1.4 |
| 吉林 | 4.4 | 1.0 | 32.2 | 0.7 | 1.4 |
| 河南 | 15.9 | 3.6 | 110.5 | 2.4 | 1.4 |
| 广西 | 3.8 | 0.9 | 25.0 | 0.5 | 1.5 |
| 黑龙江 | 7.9 | 1.8 | 52.0 | 1.1 | 1.5 |
| 河北 | 14.9 | 3.4 | 81.1 | 1.8 | 1.8 |
| 陕西 | 7.7 | 1.7 | 39.9 | 0.9 | 1.9 |
| 重庆 | 3.4 | 0.8 | 17.5 | 0.4 | 1.9 |
| 青海 | 1.2 | 0.3 | 5.0 | 0.1 | 2.4 |
| 云南 | 4.5 | 1.0 | 17.6 | 0.4 | 2.5 |
| 甘肃 | 4.5 | 1.0 | 15.6 | 0.3 | 2.9 |
| 新疆 | 8.7 | 2.0 | 27.4 | 0.6 | 3.2 |
| 内蒙古 | 19.5 | 4.4 | 60.0 | 1.3 | 3.2 |
| 山西 | 17.5 | 4.0 | 51.2 | 1.1 | 3.4 |
| 贵州 | 9.5 | 2.2 | 16.2 | 0.4 | 5.9 |
| 宁夏 | 5.3 | 1.2 | 6.6 | 0.1 | 8.1 |

　　从 AG 指数来看，除福建外其他省份 AG 指数同样呈现从沿海地区逐渐向西部地区增加的趋势。其中广东、上海、浙江、北京、海南、江苏、天津、山东等东部沿海发达省份 AG 指数为 0.4～1.0 g/元（尤其是北京和上海仅为 0.4g/元），表明上述省份在参与福建省出口过程中，每获得 1 元的 GDP 收益，需要承担 0.4～1.0 g APE 排放，处于相对较低水平；我国中部、东北及部分西部省份 AG 指数为 1.0～2.0 g/元，处于中等水平；内蒙古、甘肃、新疆、青海、山西等西部省份以及云南、贵州等省份 AG 指数为 2.0～7.0 g/元，处于较高水平；而位于西北的宁夏回族自治区 AG 指数

高达 8.1 g/元，表明宁夏在为福建出口提供中间产品过程中，每获得 1 元的 GDP 收益，需要承担 8.1 g APE 排放。

浙江出口的溢出效应见表 5-3。浙江 2012 年出口总额为 1.37 万亿元，占全国出口总额的 10%。从经济效益来看，浙江省的出口将拉动全国 GDP 增加 1.11 万亿元。其中，所有增加的 GDP 中，62%（6 841 亿元）留在了浙江本地，而其他地区在为浙江提供中间产品和服务过程中，仅获得了最终出口产品带来的 GDP 的 38%；而从大气污染来看，浙江省出口导致全国 APE 排放增加了 992 Gg。其中，仅有 37%（370 Gg）的 APE 直接排放在了本地，而其他地区在为浙江出口商品提供中间产品和服务过程中承担了另外 63% 的 APE 排放。在其他地区中，内蒙古、河北、山西、江苏、山东、河南等能源省份、污染密集型省份以及部分东部发达省份在为浙江提供中间产品过程中额外增加的 APE 排放最多，分别为 60 Gg、55 Gg、55 Gg、49 Gg、48 Gg 和 32 Gg，上述 6 省份 APE 排放占除浙江外其他省份 APE 总排放量的 48%。然而从经济收益来看，上述省份通过提供中间产品获得的 GDP 占除浙江外其他省份 GDP 收益的 46%，基本相当。

从 AG 指数来看，除浙江外其他省份 AG 指数同样呈现从沿海地区逐渐向西部地区增加的趋势。其中广东、上海、浙江、北京、海南、江苏、天津等东部沿海发达省份 AG 指数为 0.3～1.0 g/元（北京最低，仅为 0.27 g/元），表明上述省份在参与浙江省出口过程中，每获得 1 元的 GDP 收益，仅需要承担 0.3～1.0 g APE 排放，处于相对较低水平；中部、东北及部分西部省份（四川、陕西）AG 指数为 1.0～2.0 g/元，处于中等水平；内蒙古、甘肃、新疆、青海、山西等西部省份以及云南、贵州等省份 AG 指数为 2.0～7.0 g/元，处于较高水平；而位于西北的宁夏回族自治区 AG 指数高达 7.8 g/元，表明宁夏在为浙江出口提供中间产品过程中，每获得 1 元的 GDP 收益，需要承担 7.8 g APE 排放。

表 5-3　浙江出口产品隐含的 APE 与 GDP 溢出效应及各省的 AG 指数

| 省份 | APE | | GDP | | AG 指数 |
|---|---|---|---|---|---|
| | 排放量/Gg | 占比/% | 收益/亿元 | 占比/% | |
| 北京 | 3.5 | 0.3 | 127.2 | 1.1 | 0.3 |
| 上海 | 11.5 | 1.2 | 214.0 | 1.9 | 0.5 |
| 浙江 | 370.1 | 37.3 | 6 840.8 | 61.8 | 0.5 |
| 天津 | 8.0 | 0.8 | 115.4 | 1.0 | 0.7 |
| 江苏 | 49.2 | 5.0 | 645.5 | 5.8 | 0.8 |
| 广东 | 14.6 | 1.5 | 172.9 | 1.6 | 0.8 |
| 海南 | 1.6 | 0.2 | 19.1 | 0.2 | 0.9 |
| 福建 | 12.6 | 1.3 | 145.0 | 1.3 | 0.9 |
| 山东 | 48.1 | 4.8 | 466.7 | 4.2 | 1.0 |
| 四川 | 12.4 | 1.2 | 97.3 | 0.9 | 1.3 |
| 湖南 | 12.8 | 1.3 | 97.1 | 0.9 | 1.3 |
| 安徽 | 27.6 | 2.8 | 202.8 | 1.8 | 1.4 |
| 湖北 | 15.9 | 1.6 | 112.0 | 1.0 | 1.4 |
| 辽宁 | 28.1 | 2.8 | 197.0 | 1.8 | 1.4 |
| 吉林 | 14.6 | 1.5 | 102.3 | 0.9 | 1.4 |
| 江西 | 17.8 | 1.8 | 122.2 | 1.1 | 1.5 |
| 黑龙江 | 24.6 | 2.5 | 168.2 | 1.5 | 1.5 |
| 河南 | 31.9 | 3.2 | 213.3 | 1.9 | 1.5 |
| 广西 | 8.7 | 0.9 | 54.9 | 0.5 | 1.6 |
| 陕西 | 17.8 | 1.8 | 93.4 | 0.8 | 1.9 |
| 河北 | 55.3 | 5.6 | 273.6 | 2.5 | 2.0 |
| 重庆 | 7.7 | 0.8 | 35.6 | 0.3 | 2.1 |
| 云南 | 11.7 | 1.2 | 44.1 | 0.4 | 2.6 |
| 青海 | 3.3 | 0.3 | 11.9 | 0.1 | 2.8 |
| 甘肃 | 12.6 | 1.3 | 40.0 | 0.4 | 3.2 |
| 内蒙古 | 59.7 | 6.0 | 183.9 | 1.7 | 3.2 |
| 新疆 | 22.8 | 2.3 | 68.6 | 0.6 | 3.3 |
| 山西 | 54.8 | 5.5 | 154.0 | 1.4 | 3.6 |
| 贵州 | 21.0 | 2.1 | 37.5 | 0.3 | 5.6 |
| 宁夏 | 12.3 | 1.2 | 15.7 | 0.1 | 7.8 |

上海出口的溢出效应见表 5-4。上海 2012 年出口总额为 1.08 万亿元，占全国出口总额的 7.9%。从经济效益来看，上海省的出口将拉动全国 GDP 增加 8 243 亿元。其中，所有增加的 GDP 中，63%（5 219 亿元）留在了上海本地，而其他地区在为上海提供中间产品和服务过程中，仅获得了最终出口产品带来的 GDP 的 37%；而从大气污染来看，上海出口导致全国 APE 排放增加了 648 Gg。其中，仅有 26%（167 Gg）的 APE 直接排放在了本地，而其他地区在为上海出口商品提供中间产品和服务过程中承担了另外 74% 的 APE 排放。在其他地区中，河北、内蒙古、山西 3 个省份主要提供煤炭、钢铁和水泥等高排放产品，在为上海提供中间产品过程中额外增加的 APE 排放最多，分别为 47 Gg、47 Gg、42 Gg，合计占除上海外其他省份 APE 总排放量的 28%。然而，上述省份通过提供中间产品获得的 GDP 占除上海外其他省份 GDP 收益的 15%。

从 AG 指数来看，除上海外其他省份 AG 指数同样呈现从沿海地区逐渐向西部地区增加的趋势。其中广东、浙江、福建、北京、海南、江苏、天津等东部沿海发达省份 AG 指数为 0.3～1.0 g/元（北京最低，仅为 0.3 g/元），表明上述省份在参与上海省出口过程中，每获得 1 元的 GDP 收益，仅需要承担 0.3～1.0 g APE 排放，处于相对较低水平；中部、东北及部分西部省份（四川、陕西）AG 指数为 1.0～2.0 g/元，处于中等水平；内蒙古、甘肃、新疆、青海、山西等西部省份以及云南、贵州等省份 AG 指数为 2.0～7.0 g/元，处于较高水平；而位于西北的宁夏回族自治区 AG 指数高达 8.4 g/元，表明宁夏在为上海出口提供中间产品过程中，每获得 1 元的 GDP 收益，需要承担 8.4 g APE 排放。

表 5-4　上海出口产品隐含的 APE 与 GDP 溢出效应及各省的 AG 指数

| 省份 | APE | | GDP | | AG 指数 |
|---|---|---|---|---|---|
| | 排放量/Gg | 占比/% | 收益/亿元 | 占比/% | |
| 北京 | 3.2 | 0.5 | 101.4 | 1.2 | 0.3 |
| 上海 | <u>167.2</u> | <u>25.8</u> | <u>5 218.7</u> | <u>63.3</u> | <u>0.3</u> |
| 广东 | 11.2 | 1.7 | 147.3 | 1.8 | 0.8 |
| 浙江 | 17.9 | 2.8 | 230.2 | 2.8 | 0.8 |
| 天津 | 7.6 | 1.2 | 97.9 | 1.2 | 0.8 |
| 江苏 | 39.6 | 6.1 | 496.3 | 6.0 | 0.8 |
| 云南 | 8.3 | 1.3 | 94.0 | 1.1 | 0.9 |
| 海南 | 1.1 | 0.2 | 10.6 | 0.1 | 1.1 |
| 山东 | 31.2 | 4.8 | 267.9 | 3.3 | 1.2 |
| 福建 | 8.3 | 1.3 | 60.5 | 0.7 | 1.4 |
| 安徽 | 15.1 | 2.3 | 102.8 | 1.2 | 1.5 |
| 湖北 | 9.5 | 1.5 | 62.5 | 0.8 | 1.5 |
| 湖南 | 9.2 | 1.4 | 59.7 | 0.7 | 1.5 |
| 江西 | 11.4 | 1.8 | 70.7 | 0.9 | 1.6 |
| 辽宁 | 29.0 | 4.5 | 178.5 | 2.2 | 1.6 |
| 吉林 | 14.5 | 2.2 | 84.1 | 1.0 | 1.7 |
| 河南 | 23.4 | 3.6 | 132.6 | 1.6 | 1.8 |
| 黑龙江 | 26.1 | 4.0 | 142.4 | 1.7 | 1.8 |
| 广西 | 6.2 | 1.0 | 32.0 | 0.4 | 2.0 |
| 陕西 | 11.8 | 1.8 | 56.3 | 0.7 | 2.1 |
| 重庆 | 6.1 | 0.9 | 27.6 | 0.3 | 2.2 |
| 内蒙古 | 46.9 | 7.2 | 204.9 | 2.5 | 2.3 |
| 青海 | 2.3 | 0.4 | 7.4 | 0.1 | 3.1 |
| 四川 | 7.7 | 1.2 | 24.5 | 0.3 | 3.1 |
| 甘肃 | 8.4 | 1.3 | 24.2 | 0.3 | 3.5 |
| 河北 | 46.5 | 7.2 | 132.2 | 1.6 | 3.5 |
| 新疆 | 15.6 | 2.4 | 39.6 | 0.5 | 3.9 |
| 山西 | 42.3 | 6.5 | 106.2 | 1.3 | 4.0 |
| 贵州 | 12.9 | 2.0 | 20.8 | 0.3 | 6.2 |
| 宁夏 | 7.6 | 1.2 | 9.1 | 0.1 | 8.4 |

　　江苏出口的溢出效应见表 5-5。江苏 2012 年出口总额为 2.38 万亿元，占全国出口总额的 17.3%。从经济效益来看，江苏省的出口将拉动全国 GDP 增加 1.74 万亿元。其中，所有增加的 GDP 中，68%（1.18 万亿元）留在了江苏本地，而其他地区在为江苏提供中间产品和服务过程中，仅获得了最终出口产品带来的 GDP 的 32%；而从大气污染来看，江苏省出口导致全国 APE 排放增加了 1 634 Gg。其中，仅有 40%（652 Gg）的 APE 直接排放在了本地，而其他地区在为江苏出口商品提供中间产品和服务过程中承担了另外 60% 的 APE 排放。在其他地区中，内蒙古、山西、河北 3 个省份主要提供煤炭、钢铁和水泥等高排放产品，在为江苏提供中间产品过程中额外增加的 APE 排放最多，分别为 104 Gg、94 Gg、73 Gg，合计占除江苏外其他省份 APE 总排放量的 29%。然而，上述省份通过提供中间产品获得的 GDP 占除江苏外其他省份 GDP 收益的 17%。

　　从 AG 指数来看，除江苏外其他省份 AG 指数同样呈现从沿海地区逐渐向西部地区增加的趋势。其中广东、浙江、福建、北京、上海、海南、江苏、天津等东部沿海发达省份 AG 指数为 0.2～1.0 g/元（北京最低，仅为 0.23 g/元），表明上述省份在参与江苏省出口过程中，每获得 1 元的 GDP 收益，仅需要承担 0.2～1.0 g APE 排放，处于相对较低水平；同样，中部、东北及部分西部省份（如四川）AG 指数为 1.0～2.0 g/元，处于中等水平；内蒙古、甘肃、新疆、青海、山西等西部省份以及云南、贵州等省份 AG 指数为 2.0～7.0 g/元，处于较高水平；而位于西北的宁夏回族自治区 AG 指数高达 9.2 g/元，表明宁夏在为江苏出口提供中间产品过程中，每获得 1 元的 GDP 收益，需要承担 9.2 g APE 排放。

表 5-5　江苏出口产品隐含的 APE 与 GDP 溢出效应及各省的 AG 指数

| 省份 | APE | | GDP | | AG 指数 |
|---|---|---|---|---|---|
| | 排放量/Gg | 占比/% | 收益/亿元 | 占比/% | |
| 北京 | 5.8 | 0.4 | 255.1 | 1.5 | 0.2 |
| 江苏 | 652.1 | 39.9 | 11 775.0 | 67.6 | 0.6 |
| 上海 | 25.0 | 1.5 | 447.0 | 2.6 | 0.6 |
| 天津 | 15.9 | 1.0 | 195.7 | 1.1 | 0.8 |
| 浙江 | 48.3 | 3.0 | 557.7 | 3.2 | 0.9 |
| 福建 | 15.5 | 0.9 | 173.0 | 1.0 | 0.9 |
| 广东 | 21.7 | 1.3 | 242.0 | 1.4 | 0.9 |
| 海南 | 2.6 | 0.2 | 22.2 | 0.1 | 1.2 |
| 山东 | 72.9 | 4.5 | 567.0 | 3.3 | 1.3 |
| 四川 | 17.0 | 1.0 | 123.9 | 0.7 | 1.4 |
| 湖北 | 20.0 | 1.2 | 126.8 | 0.7 | 1.6 |
| 湖南 | 18.4 | 1.1 | 115.1 | 0.7 | 1.6 |
| 安徽 | 34.0 | 2.1 | 206.4 | 1.2 | 1.6 |
| 江西 | 25.7 | 1.6 | 150.6 | 0.9 | 1.7 |
| 辽宁 | 60.0 | 3.7 | 323.4 | 1.9 | 1.9 |
| 河南 | 50.9 | 3.1 | 261.0 | 1.5 | 2.0 |
| 吉林 | 30.5 | 1.9 | 153.5 | 0.9 | 2.0 |
| 广西 | 12.5 | 0.8 | 62.4 | 0.4 | 2.0 |
| 黑龙江 | 51.9 | 3.2 | 251.8 | 1.4 | 2.1 |
| 陕西 | 25.9 | 1.6 | 121.6 | 0.7 | 2.1 |
| 河北 | 91.4 | 5.6 | 414.9 | 2.4 | 2.2 |
| 重庆 | 13.0 | 0.8 | 50.5 | 0.3 | 2.6 |
| 青海 | 4.6 | 0.3 | 16.1 | 0.1 | 2.8 |
| 云南 | 16.7 | 1.0 | 54.2 | 0.3 | 3.1 |
| 甘肃 | 17.8 | 1.1 | 50.3 | 0.3 | 3.5 |
| 内蒙古 | 104.0 | 6.4 | 290.7 | 1.7 | 3.6 |
| 山西 | 93.6 | 5.7 | 245.1 | 1.4 | 3.8 |
| 新疆 | 33.7 | 2.1 | 83.6 | 0.5 | 4.0 |
| 贵州 | 33.7 | 2.1 | 49.5 | 0.3 | 6.8 |
| 宁夏 | 19.5 | 1.2 | 21.2 | 0.1 | 9.2 |

　　山东出口的溢出效应见表5-6。山东2012年出口总额为1.12万亿元，占全国出口总额的8.2%。从经济效益来看，山东省的出口将拉动全国GDP增加9058亿元。其中，所有增加的GDP中，70%（6 322亿元）留在了山东本地，而其他地区在为山东提供中间产品和服务过程中，仅获得了最终出口产品带来的GDP的30%；而从大气污染来看，山东省出口导致全国APE排放增加了920 Gg。其中，仅有56%（511 Gg）的APE直接排放在了本地，而其他地区在为山东出口商品提供中间产品和服务过程中承担了另外44%的APE排放。可以看出，山东省是6个东部沿海省份中唯一一个APE留在本地超过一半的省份。在其他地区中，河南、内蒙古、山西、河北4个省份主要提供煤炭、钢铁和水泥等高排放产品，在为山东提供中间产品过程中额外增加的APE排放最多，分别为45 Gg、30 Gg、28 Gg、25 Gg，合计占除山东外其他省份APE总排放量的31%。然而，上述省份通过提供中间产品获得的GDP占除山东外其他省份GDP收益的21%。

　　从AG指数来看，除山东外其他省份AG指数同样呈现从沿海地区逐渐向西部地区增加的趋势。其中广东、浙江、福建、北京、海南、江苏、天津等东部沿海发达省份AG指数为0.2~1.0 g/元（北京最低，仅为0.22 g/元），表明上述省份在参与山东省出口过程中，每获得1元的GDP收益，仅需要承担0.2~1.0 g APE排放，处于相对较低水平；同样，中部、东北及部分西部省份（四川、陕西）AG指数为1.0~2.0 g/元，处于中等水平；内蒙古、甘肃、新疆、青海、山西等西部省份以及云南、贵州等省份AG指数为2.0~7.0 g/元，处于较高水平；而位于西北的宁夏回族自治区AG指数高达8.5 g/元，表明宁夏在为山东出口提供中间产品过程中，每获得1元的GDP收益，需要承担8.5 g APE排放。

表 5-6　山东出口产品隐含的 APE 与 GDP 溢出效应及各省的 AG 指数

| 省份 | APE | | GDP | | AG 指数 |
|---|---|---|---|---|---|
| | 排放量/Gg | 占比/% | 收益/亿元 | 占比/% | |
| 北京 | 2.1 | 0.2 | 96.4 | 1.1 | 0.2 |
| 上海 | 5.6 | 0.6 | 130.7 | 1.4 | 0.4 |
| 天津 | 5.2 | 0.6 | 69.0 | 0.8 | 0.8 |
| 福建 | 7.7 | 0.8 | 101.1 | 1.1 | 0.8 |
| 浙江 | 14.1 | 1.5 | 180.3 | 2.0 | 0.8 |
| 广东 | 14.7 | 1.6 | 184.3 | 2.0 | 0.8 |
| 山东 | <u>510.8</u> | <u>55.5</u> | <u>6 322.3</u> | <u>69.8</u> | <u>0.8</u> |
| 江苏 | 22.1 | 2.4 | 259.1 | 2.9 | 0.9 |
| 海南 | 1.9 | 0.2 | 19.8 | 0.2 | 1.0 |
| 四川 | 9.9 | 1.1 | 85.1 | 0.9 | 1.2 |
| 湖南 | 13.6 | 1.5 | 109.2 | 1.2 | 1.2 |
| 湖北 | 16.6 | 1.8 | 131.6 | 1.5 | 1.3 |
| 安徽 | 11.7 | 1.3 | 92.3 | 1.0 | 1.3 |
| 广西 | 7.3 | 0.8 | 52.5 | 0.6 | 1.4 |
| 江西 | 17.7 | 1.9 | 122.9 | 1.4 | 1.4 |
| 河南 | 44.9 | 4.9 | 270.9 | 3.0 | 1.7 |
| 辽宁 | 15.5 | 1.7 | 92.3 | 1.0 | 1.7 |
| 黑龙江 | 14.5 | 1.6 | 85.7 | 0.9 | 1.7 |
| 吉林 | 8.4 | 0.9 | 48.7 | 0.5 | 1.7 |
| 陕西 | 14.5 | 1.6 | 82.5 | 0.9 | 1.8 |
| 青海 | 2.1 | 0.2 | 10.7 | 0.1 | 2.0 |
| 河北 | 24.9 | 2.7 | 124.4 | 1.4 | 2.0 |
| 云南 | 8.4 | 0.9 | 37.5 | 0.4 | 2.2 |
| 重庆 | 8.2 | 0.9 | 33.4 | 0.4 | 2.5 |
| 甘肃 | 9.0 | 1.0 | 32.5 | 0.4 | 2.8 |
| 新疆 | 18.9 | 2.1 | 62.2 | 0.7 | 3.0 |
| 内蒙古 | 29.9 | 3.3 | 93.3 | 1.0 | 3.2 |
| 山西 | 27.5 | 3.0 | 79.9 | 0.9 | 3.4 |
| 贵州 | 20.8 | 2.3 | 34.6 | 0.4 | 6.0 |
| 宁夏 | 11.0 | 1.2 | 12.9 | 0.1 | 8.5 |

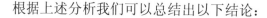

根据上述分析我们可以总结出以下结论：

1）东部沿海 6 个主要出口省份在出口自身产品过程中，其获得的 GDP 收益份额要显著大于其在生产产品过程中排放的污染份额，其中上海作为中国最大的城市，其 GDP 收益份额与排放承担份额差距最大；而山东作为沿海出口大省，由于本身低端和高污染排放产品较多（主要是化工、炼焦等高污染产品），因此，其获得的 GDP 收益份额与本身承担的污染排放份额差距最小。

2）从其他区域来看，各区域在参与东部沿海 6 个省份出口产品制造过程中，其获得的收益与承担的大气污染排放也呈现较大差距。其中，东部沿海发达省份在参与其他沿海省份的出口产品过程中，每获得 1 元 GDP 所承担的环境成本最小，普遍低于 1 g/元；其次是中部及东北区域的省份；比较高的是除四川外的西部省份，其中，宁夏在参与所有 6 个沿海省份的出口产品过程中每获得单位经济收益所承担的环境成本最高。总体来看，东部沿海发达省份出口过程中，其他沿海发达省份获得了更多的经济收益，而西部欠发达省份则承担了更多的大气污染排放（表 5-7）。

表 5-7　东部沿海 6 个主要出口省份与其他地区的 AG 指数　　　　单位：g/元

| 区域 | 省份 | 广东 | 福建 | 浙江 | 上海 | 江苏 | 山东 |
|---|---|---|---|---|---|---|---|
| 京津地区 | 北京 | 0.31 | 0.37 | 0.27 | 0.31 | 0.23 | 0.22 |
| | 天津 | 0.69 | 0.67 | 0.70 | 0.78 | 0.82 | 0.75 |
| 北部地区 | 河北 | 2.19 | 1.83 | 2.02 | 2.29 | 2.20 | 2.00 |
| | 山东 | 1.04 | 0.94 | 1.03 | 1.16 | 1.29 | 0.81 |
| 东北地区 | 辽宁 | 1.48 | 1.36 | 1.42 | 1.62 | 1.85 | 1.68 |
| | 吉林 | 1.63 | 1.36 | 1.43 | 1.72 | 1.99 | 1.73 |
| | 黑龙江 | 1.74 | 1.52 | 1.46 | 1.83 | 2.06 | 1.69 |
| 东部沿海地区 | 上海 | 0.44 | 0.44 | 0.54 | 0.32 | 0.56 | 0.43 |
| | 江苏 | 0.74 | 0.69 | 0.76 | 0.80 | 0.55 | 0.85 |
| | 浙江 | 0.72 | 0.77 | 0.54 | 0.78 | 0.87 | 0.78 |
| 南部沿海地区 | 福建 | 0.85 | 0.71 | 0.87 | 0.88 | 0.89 | 0.77 |
| | 广东 | 0.49 | 0.85 | 0.84 | 0.76 | 0.90 | 0.80 |
| | 海南 | 0.75 | 0.81 | 0.86 | 1.05 | 1.17 | 0.98 |

| 区域 | 省份 | 广东 | 福建 | 浙江 | 上海 | 江苏 | 山东 |
|------|------|------|------|------|------|------|------|
| 中部地区 | 山西 | 3.60 | 3.42 | 3.56 | 3.98 | 3.82 | 3.44 |
| | 安徽 | 1.34 | 1.21 | 1.36 | 1.47 | 1.65 | 1.27 |
| | 江西 | 1.44 | 1.22 | 1.45 | 1.61 | 1.71 | 1.44 |
| | 河南 | 1.57 | 1.44 | 1.49 | 1.76 | 1.95 | 1.66 |
| | 湖北 | 1.41 | 1.30 | 1.42 | 1.51 | 1.58 | 1.26 |
| | 湖南 | 1.30 | 1.21 | 1.31 | 1.54 | 1.60 | 1.24 |
| 西南地区 | 广西 | 1.64 | 1.51 | 1.59 | 1.95 | 2.01 | 1.40 |
| | 重庆 | 1.69 | 1.93 | 2.15 | 2.22 | 2.57 | 2.46 |
| | 四川 | 1.28 | 1.23 | 1.27 | 1.37 | 1.37 | 1.16 |
| | 贵州 | 5.07 | 5.87 | 5.61 | 6.18 | 6.81 | 6.00 |
| | 云南 | 2.63 | 2.55 | 2.65 | 3.13 | 3.08 | 2.25 |
| 西北地区 | 内蒙古 | 3.31 | 3.25 | 3.25 | 3.52 | 3.58 | 3.21 |
| | 陕西 | 1.90 | 1.92 | 1.90 | 2.10 | 2.13 | 1.75 |
| | 甘肃 | 3.45 | 2.92 | 3.16 | 3.46 | 3.54 | 2.76 |
| | 青海 | 3.06 | 2.42 | 2.76 | 3.09 | 2.85 | 1.99 |
| | 宁夏 | 7.21 | 8.08 | 7.82 | 8.40 | 9.22 | 8.54 |
| | 新疆 | 3.80 | 3.20 | 3.33 | 3.95 | 4.03 | 3.04 |

### 5.3.4　典型省份及行业分析

根据以上分析，本研究将出口额最大的广东和出口额最小的宁夏单独展开深入分析。其中，针对广东挑选其出口最多的电子设备产品，宁夏挑选其出口最多的冶炼产品。

#### 5.3.4.1　广东电子设备产品的出口带来的经济和大气污染排放

图 5-8 显示了广东省电子设备产品出口过程中，隐含于跨省产业链上的经济收益和大气污染的分配情况。作为 2012 年中国最大的出口省份，广东电子设备产品出口占当年广东总出口额的 37%，为广东带来 2 085 亿元增加值和 3 Gg 的 APE 排放。其 AG 指数仅为 0.01 g/元。可以看出，广东省的电子行业生产是个十分清洁的行业，行业直接排放十分少，经济收益却相对较高，属于清洁、高附加值产业。

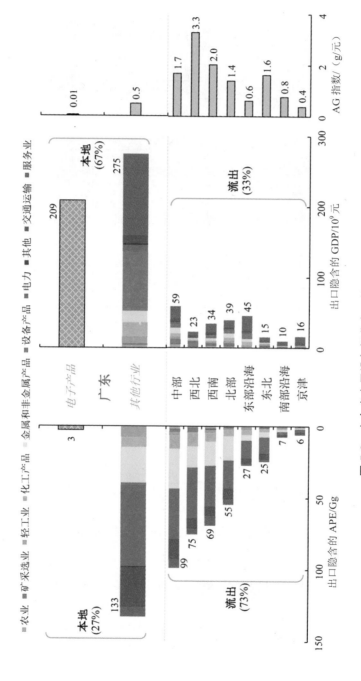

图 5-8 广东省电子设备行业出口的 APE 和 GDP 转移

注：南部沿海中不含广东。

　　然而，为供给电子设备的生产，广东本地其他行业同样获得了十分显著的收益，为 2 748 亿元，略高于电子设备产品的直接收益；另外，广东其他行业相应排放了 133 Gg 的大气污染物，相当于电子设备行业的 44 倍多。另外行业上也存在较大差距，其中经济收益行业主要为服务业、设备制造（不含电子设备）两个行业，分别为 1 157 亿元和 840 亿元，合计占其他行业所获得经济收益的 73% 左右；然而，其他行业中排放大气污染最多的主要是电力行业、交通运输行业以及金属和非金属制品行业，分别排放了 56.6 Gg、27.7 Gg 和 24.9 Gg，合计占其他行业 APE 排放总量的 82%。

　　总体来说，广东其他行业 AG 指数达到了 0.5 g/元，要远高于电子设备行业的 AG 指数，但总体来说仍然属于较低水平。从广东来看，其电子设备产品出口过程中总共获得了电子产品生产带来的 GDP 收益的 67%（4 833 亿元），然而,留在本地的 APE 排放仅为该行业产业链所有隐含 APE 排放的 27%，并且大部分是其他行业所排放。可以一定程度上表明，发达地区出口的主要高技术低排放的产品使得其能够获得大部分产品所带来的经济效益，但通过跨区域采购中间产品，将大部分污染转移到中国其他地区。

　　中国其他地区在参与广东省电子设备产品出口的过程中，总共获得了 2 415 亿元的经济收益，约占总经济收益的 33%，同时，承担了约 73%（363 Gg）的大气污染物排放。将其他 29 个省份按照地理空间分成八大区域。可以看出，八大区域在参与广东电子设备产品出口过程中获得的经济收益与承担的大气污染排放也呈现出显著的不匹配以及行业差异。从 GDP 的收益来看，欠发达地区和发达省份收益差别不大，其中，中部地区收益最多，为 586 亿元；其次是东部沿海地区，为 454 亿元；北部地区、西南地区分别为 394 亿元和 343 亿元。另外从行业来看，获益行业主要是服务业、设备制造业、化学工业及金属和非金属加工业。总体来看，中部、西南、西北及北部 4 个欠发达区域占外溢 GDP 的 64%。从大气污染转移来看，广东外溢的 APE 排放主要流向了欠发达地区，如中部地区、西北地区、西南地区以及北部地区，分别为 99 Gg、75 Gg、69 Gg、55 Gg，约占全部溢出 APE 排放的 82%。发达地区（京津地区、南部沿海地区、东部沿海地区）承担的 APE 转移合计仅为 41 Gg，不足总溢出 APE 排放的 12%。

从 AG 指数来看，西北地区 AG 指数最大，为 3.3 g/元，另外，西南地区和中部地区的 AG 指数分别为 2.0 g/元和 1.7 g/元。另外北部地区和东北地区 AG 指数也较高，分别为 1.4 g/元和 1.6 g/元。3 个发达地区 AG 指数最低，为 0.4~0.8 g/元。其中，最低的京津地区的 AG 指数仅为最高的西北地区的 1/8。总体来看，发达省份在参与广东电子设备产品出口过程中获得了更多的经济收益，而西北等欠发达地区则承担了更多的大气污染转移。

### 5.3.4.2　宁夏金属冶炼产品出口带来的经济和大气污染排放

图 5-9 显示了宁夏金属冶炼产品出口过程中，隐含于跨省产业链上的经济收益和大气污染的分配情况。作为 2012 年中国出口最少的内陆省份，宁夏 2012 年的出口总额仅 150 亿元，约占全国出口总量的 0.1%。其中金属冶炼产品是宁夏出口最多的产品类型，出口额为 27 亿元，占宁夏总出口额的 18%。通过分析可以看出，为宁夏带来 4.86 亿元增加值和 2 911 Mg 的 APE 排放。其 AG 指数高达 6.0 g/元。可以看出，宁夏的金属冶炼行业是一个污染较重的行业，也是大气排放集中行业。

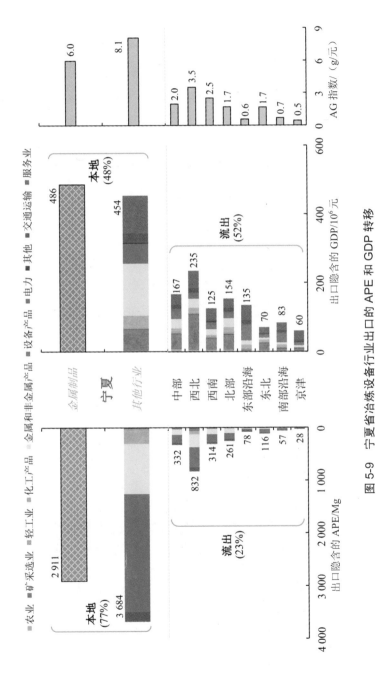

图 5-9　宁夏省冶炼设备行业出口的 APE 和 GDP 转移

注：西北地区中不包含宁夏。

143

同时，为了供给宁夏回族自治区金属冶炼行业出口品的生产，宁夏本地其他行业同样获得约 4.54 亿元的 GDP 收益，略低于金属冶炼产品的直接收益；排放了 3 684 Mg 的大气污染物，较金属冶炼行业高出 27%左右。另外行业上存在一定相似性，其中经济收益行业主要为金属和非金属产品制造、服务业、矿采选业以及电力行业等，分别为 1.52 亿元、1.10 亿元、0.62 亿元、0.57 亿元，合计占其他行业所获得经济收益的 84%左右；其他行业中排放大气污染最多的主要是电力行业、金属和非金属产品制造以及化学工业，分别排放了 2 242 Mg、948 Mg、272 Mg，合计占其他行业 APE 排放总量的 94%。

　　从 AG 指数来看，宁夏其他行业 AG 指数达到了 8.1 g/元，高于金属冶炼行业的 AG 指数，表明宁夏金属冶炼行业在制造出口品过程中需要本地其他污染密集行业提供中间产品，从而导致其他行业在获得单位经济收益的同时排放多于本行业的污染物。

　　从宁夏整体来看，其金属冶炼产品出口过程中，获得了 GDP 收益的48%，然而，留在本地的 APE 排放为该行业产业链所有隐含 APE 排放的77%。上述结果表明，欠发达地区在出口高污染密集产品的过程中，本地获得的经济收益要显著低于其承担的大气污染，将大部分大气污染留在本地，然而却将一半以上的经济收益通过购买其他地区的中间产品外溢到了其他地区。

　　中国其他地区在参与宁夏回族自治区金属冶炼产品出口的过程中，总共获得了 10.29 亿元的经济收益，约占总经济收益的 52%，同时，仅承担了约 23%（2 020 Mg）的大气污染物排放。将其他 29 个省份同样按照地理空间分成八大区域（西北地区不包含宁夏）。可以看出，八大区域在参与宁夏金属冶炼产品出口过程中获得的经济收益与承担的大气污染排放也呈现出显著的不匹配以及行业差异。从 GDP 的收益来看，欠发达地区由于与宁夏地理区位上较近且产业结构趋同，因此，获得的 GDP 收益相对较多。其中西北地区经济收益最大，为 2.35 亿元；其次是中部和北部地区，分别为 1.67 亿元和 1.54 亿元。东部沿海地区也获得了 1.35 亿元。而东北地区、南部沿海以及京津地区获得的经济收益较少。总体来看，西北、中部、西南及北部 4 个欠发达区域占外溢 GDP 的 66%。另外从行业来看，获益行业主要是服务业、矿采选业以及金属和非金属加工业。

从大气污染转移来看，宁夏外溢的 APE 排放主要流向了临近的西北地区，其次是中部地区、西南地区以及北部地区，分别为 832 Mg、332 Mg、314 Mg、261 Mg，约占全部溢出 APE 排放的 86%。发达地区（京津地区、南部沿海地区、东部沿海地区）承担的 APE 转移合计仅为 164 Gg，不足总溢出 APE 排放的 8%。

从 AG 指数来看，西北地区 AG 指数最大，为 3.5 g/元，另外，西南地区和中部地区的 AG 指数也分别为 2.5 g/元和 2.0 g/元。3 个发达地区 AG 指数最低，为 0.4～0.6 g/元。其中最低的京津地区的 AG 指数仅为最高的西北地区的 1/7。总体来看，发达省份在参与宁夏金属冶炼产品出口过程中获得了更多的经济收益，而西北等欠发达地区则承担了更多的大气污染转移，也存在相对较为显著的不公平。

## 5.4　本章小结

### 5.4.1　主要结论

在中国出口过程中，京津和发达沿海地区获得的经济收益要明显大于其最终承担的大气污染排放，而其他欠发达地区获得的经济收益则要明显小于其最终承担的大气污染排放。例如，东部沿海地区获得了出口带来的

GDP 总额的 30%，但是其最终承担的 APE 排放仅为出口导致的总 APE 排放的 15%；西北地区最终仅获得出口带来的 GDP 收益总额的 6%，但是最终却要承担出口导致的 18%的 APE 排放。另外，经济收益与承担的大气污染排放差距最大的是西北地区。西北地区与其他地区的产品交易主要以电力、非金属以及金属冶炼等大气污染高排放行业为主，因此，该地区在参与其他地区出口产品生产过程中以及出口本地产品过程中获得单位经济收益所要承担的大气污染排放高于其他地区。

东部沿海 6 个主要出口省份在出口自身产品过程中，其获得的 GDP 收益份额要显著大于其在生产产品过程中排放的污染份额。其他区域在参与 6 个省份出口产品制造过程中，其获得的收益与承担的大气污染排放也呈现较大差距。其中，东部沿海发达省份在参与其他沿海省份的出口产品过程中，每获得 1 元 GDP 所承担的环境成本最小，普遍低于 1g/元；其次是中部及东北区域的省份；比较高的是除四川外的西部省份，其中可以看出，宁夏在参与所有 6 个沿海省份的出口产品过程中每获得单位经济收益所承担的环境成本最高。总体来看，东部沿海发达省份出口过程中，其他沿海发达省份获得了更多的经济收益，而西部欠发达省份则承担了更多的大气污染排放。

针对出口最多的沿海广东省和出口最少的内陆欠发达的宁夏回族自治区开展典型案例分析可以看出，广东省的电子设备产品出口过程中总共获得了其带来的 GDP 收益的 67%，然而，留在本地的 APE 排放仅为该行业产业链所有隐含 APE 排放的 27%，表明发达地区出口的主要高技术低排放的产品使得其能够获得大部分产品所带来的经济效益，但通过跨区域采购中间产品，将大部分污染转移到中国其他地区。而宁夏在出口金属冶炼产品过程中获得了 GDP 收益的 48%，然而留在本地的 APE 排放为该行业产业链所有隐含 APE 排放的 77%，表明欠发达地区在出口高污染密集产品的过程中，本地获得的经济收益要显著低于其承担的大气污染。另外，其他发达省份无论是参与广东电子设备产品生产，还是宁夏的金属冶炼产品生产，它们均获得了更多的经济收益，而西北等欠发达地区在参与上述两省份出口过程中均承担了更多的大气污染转移，表明落后地区在中国出口的产业链中相对于发达地区总是处于一种不公平的地位。

中国对外出口一定程度上强化了中国本来存在的区域经济差异和环境不公平现象。目前，中国仍然处于全球产品价值"微笑曲线"（Liu et al.，2016；Yu and Luo，2017）的底端。例如，在全球知名电子科技公司苹果的产品链中，785 个中间产品供应商中有 349 个在中国，然而，其核心高附加值元器件（如摄像头、屏幕、电池）却主要来自日本、韩国及美国。中国在 iPhone 的生产过程中仅能获得不到 4%的利润，由于美国、日本及韩国等掌握了核心科技，它们获取了大部分的利润（Rassweiler，2009；Alex，2014）。而中国国内情况与上述现象也十分类似。自中国改革开放以来，沿海省份由于历史原因以及国家政策支持，经济飞速发展，成为国家出口产品的主要地区，形成了中国东、中、西部的经济发展差异。2000 年以来，中央为了平衡区域经济发展，先后启动了"西部大开发""振兴东北工业基地""中部崛起"等一系列区域经济战略。然而，由于区位发展优势已经确立，欠发达的中西部地区仍然难以在全国的产品链中取得突破，仍然出口低端初级产品或者为东部沿海省份提供高污染的中间产品。另外，由于中西部资源禀赋，如山西、内蒙古被国家作为能源基地，提供高污染、低附加值的产品。并且由于中西部地区环境规制水平要比东部发达地区宽松，导致大量东部省份的污染密集行业向中西部地区迁移（Jiang et al.，2015）。最终导致内陆地区在全国的对外贸易过程中获得了较少的经济收益分配，但是却承担了较多份额的空气污染。

### 5.4.2 政策建议

1）应大力提高内陆地区的出口贸易额。由于中国内陆地区（中西部地区）远离港口，因此缺少了同全球开展贸易的地理区位优势，因此，它们的出口额明显小于沿海省份。然而，随着中央在 2013 年提出的"一带一路"发展战略（丝绸之路经济带和 21 世纪海上丝绸之路），中国将加强与南亚、中亚、西亚以及东欧、北非等区域的经济贸易。这将为西北地区和西南地区乃至部分中部省份提供发展的机遇。

2）从环境公平角度进一步优化中国各省份在出口过程中的分工与协作。中西部地区应该以"一带一路"战略契机，大力加快结构转型和产业升级，优化出口产品的技术和结构，在强化"中国制造"过程中，通过发展高新技术和战略新兴产业，最终实现出口产品的"中国智造"，从而提高中西部产品附加值，并且通过采用先机技术降低污染物的排放，逐步解决在国内出口产品上下游产业链中的经济收益与环境负担的不对等问题。

3）加强中西部欠发达地区大气污染控制水平，深入开展区域间大气污染减排责任划分与补偿机制相关研究。目前，中央政府根据空气质量水平来分配各区域的污染减排任务。然而，欠发达地区如山西、河南、河北等省份产生的大气污染有很大份额是为了供应发达地区的产品出口。由于获得的经济收益少、承担的大气污染治理责任大，其减排的能力和动力均表现出不足。因此，需要研究探索建立发达沿海区域与内陆落后污染省份的大气污染补偿机制。一方面，需要通过加严排放标准和执法力度使污染治理成本充分内化到产品价值中；另一方面，可以通过环境税、区域间排放权交易等环境经济手段为欠发达地区的环境治理提供更多的治理资金，保证欠发达地区的大气污染治理有足够的资金保障。

# 第 6 章　京津冀及周边区域大气污染治理成本转嫁

## 6.1　研究背景

近年来，我国空气环境质量不容乐观。根据环境监测年报数据，2014年实施空气质量新标准的地级以上城市，排名靠后的 15 个城市中，14 个位于京津冀及周边地区（环境保护部，2016）。为了加快促进空气质量的改善，国务院于 2013 年发布《大气污染防治行动计划（2012—2017）》（以下简称"大气十条"），重点加强了大气污染最为严重的京津冀及周边区域的大气治理。为了实现"大气十条"的各项目标，需要全社会资金投入约 1.75 万亿元（张伟等，2015）。为此，中央财政设立了大气污染防治专项资金用于支持地方政府大气治理（国务院，2013），2013—2016 年共计向全国各省市下达大气专项资金 366 亿元。然而，在我国各地方经济下行的背景下，经济欠发达且污染治理任务重的省份（如河北、河南、山西等）仍然存在大量资金缺口（董战峰和袁增伟，2016）。建立省际大气污染治理横向补偿机制有利于解决上述资金问题（刘广明，2007；李宁等，2010）。

　　京津冀及周边区域不仅是中国北方经济重心，也是我国大气污染最为严重的区域。该区域具有以下特征：一是区域经济发展差距显著。2015 年，北京、天津人均 GDP 已超过 10 万元，而山西、河南、河北均不足 4 万元。二是能源消耗量巨大。2011 年以后能源消耗超过 17 亿 t 标准煤，占全国 40%以上，且主要以煤炭、石油等化石能源为主。三是大气污染排放量大、空气质量差。如图 6-1 所示，2015 年京津冀及周边区域 $SO_2$、$NO_x$ 和 PM 排放量分别占全国总排放量的 34.4%、35.1%、38.9%。污染排放量大直接导致空气质量较差，其中北京、天津、河北、河南 $PM_{2.5}$ 年均质量浓度均超过 70 $\mu g/m^3$，是我国空气质量标准的 2 倍，是世界卫生组织基准值的 7 倍以上。四是产业结构差异明显。北京、天津第三产业比重分别达到 80% 和 50%，而其他 5 省份第三产业均不足 40%，其中河北钢铁占工业比重超过 1/4，山西煤炭相关产业占工业比重超过 60%。

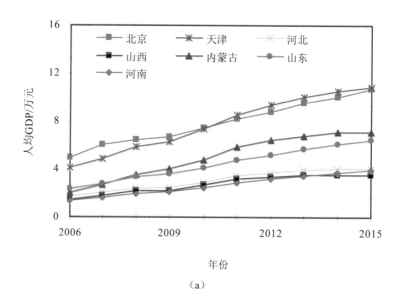

（a）

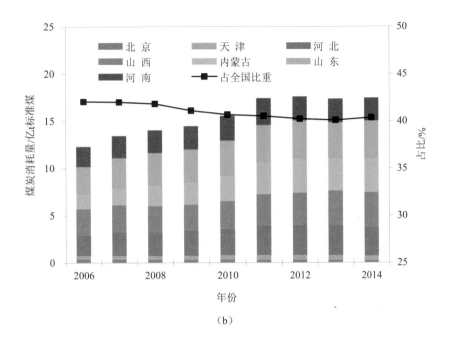

（b）

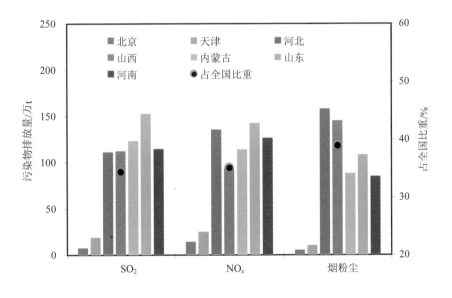

（c）

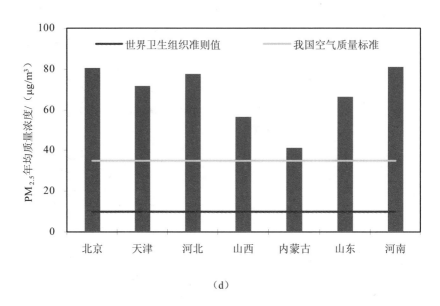

（d）

图 6-1　京津冀及周边区域历年经济与环境相关数据

　　目前，京津冀及周边区域因资源禀赋和产业分工不同，一些拥有污染密集产业（如火电、钢铁、水泥等）的省份在向其他省份输出产品时在本地排放了大量污染物（Feng et al.，2013；Zhao et al.，2015）。例如：河北作为我国主要的钢铁生产省份，在将大部分钢铁销往北京、天津以及其他省份的同时将大气污染留在了本地；山西和内蒙古作为"西电东送"北部通道的重要电力供给基地，为满足京津唐地区的能源消费，在输出电力的同时也在本地排放了大量污染物（周小谦，2003）。可以认为，这些省份作为"生产者"一定程度上承担了北京、天津等"消费者"的大气污染治理的责任。

　　因此，从消费视角同时核算区域内各方贸易导致的大气污染治理成本转嫁和经济收益转移，有利于梳理区域内各方大气污染治理的责任和关系。考虑到京津冀及周边的山西、内蒙古、山东、河南等省份是大气污染最严重的区域，且省际间存在密切的大气污染跨界传输（薛文博等，2014）和经济产业互补关系（尹征和卢明华，2015），本章拟选取京津冀及周边的晋、鲁、豫、蒙等经济联系密集且大气污染存在跨界的 7 个省份（以下简称"京津冀及周边区域"）作为研究案例，核算区域内各省份基于消费视角的大气污染完全治理成本及其导致的环境公平问题，为明确大气污染生态补偿的主体关系和内在补偿机理提供科学依据。

## 6.2　模型构建

### 6.2.1　区域间贸易隐含的大气污染完全治理成本核算

为了全面反映大气污染治理的成本，本研究提出了"大气污染完全治理成本"概念，即假设某地区将产生的大气污染完全去除掉（理想状况下）所需的治理成本，既包含已经实际发生的大气污染治理成本，同时也包括完全去除已排放污染物所需的虚拟成本。

在式（4-3）和式（5-3）的基础上，得到：

$$E^{rs} = E_d^{rs} + E_e^{rs} = \hat{\boldsymbol{f}}^r (I - A)^{-1} \left( \hat{\boldsymbol{y}}^s + \hat{\boldsymbol{y}}^{se} \right) \qquad (6\text{-}1)$$

$$E^{sr} = E_d^{sr} + E_e^{sr} = \hat{\boldsymbol{f}}^r (I - A)^{-1} \left( \hat{\boldsymbol{y}}^r + \hat{\boldsymbol{y}}^{re} \right) \qquad (6\text{-}2)$$

式中，令 $\gamma$ 表示大气污染物的种类，$\gamma =SO_2$、$NO_x$、PM。令 $q_\gamma$ 表示去除每类大气污染物 $\gamma$ 所需的单位完全治理成本（元/t）。用 $E_\gamma^{rs}$ 表示由于区域 $s$ 对所有地区的最终产品以及本地区生产出口商品过程中通过产业链导致区域 $r$ 的第 $\gamma$ 种大气污染物排放量；$E_\gamma^{sr}$ 表示由于区域 $r$ 对所有地区的最终产品以及本地区生产出口商品过程中通过产业链导致区域 $s$ 的第 $\gamma$ 种大气污染物排放量。那么存在：

$$C^{rs} = \sum_{\gamma=1}^{3} E_\gamma^{rs} \times q_\gamma \qquad (6\text{-}3)$$

$$C^{sr} = \sum_{\gamma=1}^{3} E_\gamma^{sr} \times q_\gamma \qquad (6\text{-}4)$$

$$C_{net}^{rs} = C^{rs} - C^{sr} \qquad (6\text{-}5)$$

式中，$C^{rs}$ 表示区域 $s$ 转移到区域 $r$ 的大气污染完全治理成本。$C^{sr}$ 表示区域 $r$ 转移到区域 $s$ 的大气污染完全治理成本。$C_{net}^{rs}$ 表示区域 $r$ 与区域 $s$ 贸易隐含大气污染完全治理成本的净转移，如果 $C_{net}^{rs} > 0$，表明大气污染完全治理成本从区域 $r$ 净转移到了区域 $s$；如果 $C_{net}^{rs} < 0$，则表明大气污染完全治理成本从区域 $s$ 净转移到了区域 $r$。

$$C_p^r = \sum_{s=1}^{m} C^{rs} \qquad (6\text{-}6)$$

$$C_c^r = \sum_{s=1}^{m} C^{sr} \qquad (6\text{-}7)$$

式中，$C_p^r$（下角 p=production）表示由于 $m$ 个区域（包含区域 $r$）的国内消费导致的发生在区域 $r$ 内的大气污染完全治理成本总量，在本研究中称为区域 $r$ 的生产端大气污染完全治理成本；$C_c^r$（下角 c=consumption）表示由于区域 $r$ 本地最终消费和生产出口商品过程中消费了 $m$ 个区域（包含区域 $r$）生产的最终商品或服务以及中间产品导致 $m$ 个区域内产生的大气污染完全治理成本，在本研究中称为区域 $r$ 的消费端大气污染完全治理成本。

### 6.2.2　生产端与消费端增加值核算

本章中的区域间的贸易隐含的 GDP 转移是第 4 章和第 5 章中国内与

出口的合计，具体如下所示：

$$VA^{rs} = VA_d^{rs} + VA_e^{rs} \qquad (6\text{-}8)$$

$$VA^{sr} = VA_d^{sr} + VA_e^{sr} \qquad (6\text{-}9)$$

$$VA_{\text{net}}^{rs} = VA^{rs} - VA^{sr} \qquad （6\text{-}10）$$

式中，$VA^{rs}$ 表示由于区域 $s$ 对所有地区的最终产品消费以及在生产本地出口商品过程中通过产业链对区域 $r$ 的增加值拉动，在本研究中定义为区域 $s$ 到区域 $r$ 的贸易隐含增加值转移（trade-embodied transfers of GDP）；$VA^{sr}$ 表示由于区域 $r$ 对所有地区的最终产品消费以及在生产本地出口商品过程中通过产业链对区域 $s$ 的增加值拉动，在本研究中定义为区域 $r$ 到区域 $s$ 的贸易隐含增加值转移；$VA_{\text{net}}^{rs}$ 表示区域 $r$ 与区域 $s$ 贸易隐含增加值净转移。

$$VA_{\text{p}}^r = \sum_{s=1}^{m} VA^{rs} \qquad （6\text{-}11）$$

$$VA_{\text{c}}^r = \sum_{s=1}^{m} VA^{sr} \qquad （6\text{-}12）$$

式中，$VA_{\text{p}}^r$（下角 p=production）表示由于 $m$ 个区域（包含区域 $r$）的国内消费和出口对区域 $r$ 的增加值拉动，在本章中称为区域 $r$ 的生产端增加值（或 GDP）；$VA_{\text{c}}^r$（下角 c=consumption）表示由于区域 $r$ 的消费了 $m$ 个区域（包含区域 $r$）生产的最终商品或服务以及在生产本地出口商品过程中通过产业链对 $m$ 个区域的增加值拉动，在本章中称为区域 $r$ 的消费端增加值（或 GDP）。

## 6.2.3　贸易隐含的环境不公平指数

本研究构建了 CG 指数用于表征区域间贸易隐含的大气污染完全治理成本与增加值的关系。

$$CG^{rs} = \frac{C^{rs}/C_p^r}{VA^{rs}/CA_p^r} \qquad (6\text{-}13)$$

式中，$C^{rs}/C_p^r$ 表示 $r$ 地区转嫁到 $s$ 地区的大气污染完全治理成本占 $r$ 地区消费端大气污染完全治理成本的比重；$VA^{rs}/CA_p^r$ 表示 $r$ 地区转移到 $s$ 地区的 GDP 占 $r$ 地区消费端 GDP 的比重。如果 CG 指数大于 1，表明 $r$ 地区在与 $s$ 地区开展贸易过程中，付出的经济代价要小于其应承担的大气污染完全治理成本，$s$ 地区受到 $r$ 地区的环境不公平；反之，如果 CG 指数小于 1，则表明 $r$ 地区受到 $s$ 地区的环境不公平。

### 6.2.4 贸易隐含的完全治理成本数据

大气污染物单位治理成本数据，即去除一单位大气污染物所需要的经济成本（元/t）。理论上来说，不同行业的大气污染处理技术有很多种（以工业为例，工业烟气脱硫分为湿法、半干法、干法），其单位处理成本存在一定差异。由于缺乏分行业、分地区的平均数据，因此，本研究使用石膏烟气湿法脱硫技术、选择性催化还原技术以及袋式除尘技术 3 种应用最广泛的污染物去除技术的单位成本作为所有行业 $SO_2$、$NO_x$ 以及烟粉尘的单位污染去除平均成本，分别为 1 204 元/t、3 461 元/t 和 265 元/t[1]，该参数来源于《中国环境经济核算研究报告 2013》（於方等，2014）。交通行业大气污染治理成本主要指机动车安装三元催化器的成本[2]，具体不同车型的成本如表 6-1 所示。农业、建筑业、批发零售餐饮住宿和其他服务业因缺少数据，其成本参照工业。

---

[1] 上述污染物去除成本既包含设备运行费成本，也包含设备投资建设的折旧成本。
[2] 假设机动车在使用期间不再更换三元催化器等大气污染物净化装置。

表 6-1　不同类型机动车大气污染平均治理成本和使用年限

| 车辆类型 | 燃油类型 | | 三元催化安装成本/元 | 平均使用年限/a | 年均成本/(元/a) |
|---|---|---|---|---|---|
| 轻型 | 汽油 | 微型车 | 4 601.7 | 8 | 575.2 |
| | | 轿车 | 4 601.7 | 8 | 575.2 |
| | | 其他车 | 4 715.0 | 8 | 589.4 |
| | 柴油 | | 7 361.1 | 10 | 736.1 |
| 中型车 | 汽油 | | 3 395.2 | 8 | 424.4 |
| | 柴油 | | 3 734.7 | 8 | 466.8 |
| 重型车 | 汽油 | | 4 141.5 | 10 | 414.2 |
| | 柴油 | | 5 537.2 | 10 | 553.7 |

注：污染治理成本来源于《中国环境经济核算研究报告 2013》研究报告；平均使用年限来源于《常见车辆船舶折旧年限及折旧率参考表》。

## 6.3　结果分析

### 6.3.1　基于生产和消费层面的大气污染完全治理成本分析

2012 年，全国大气污染完全治理成本共为 3 307 亿元，其中京津冀及周边区域生产端和消费端核算的大气污染完全治理成本分别为 1 234 亿元和 974 亿元，分别占全国生产端和消费端核算总量的 37% 和 29%，表明区域间贸易导致该区域为全国其他地区额外承担了 260 亿元的大气污染完全治理成本。在京津冀及周边区域内部，从生产端来看，山西、内蒙古需要承担的大气污染完全治理成本最高，分别是 248 亿元和 247 亿元；从消费端来看，完全治理山东消费导致的大气污染成本最高（300 亿元），其次是北京、河南、河北、内蒙古，均高于 100 亿元，而天津仅需 45 亿元。将生产端与消费端成本进行比较发现，北京、山东、天津等发达省市的消费端成本均高于生产端，两者比值分别为 4.1 倍、1.3 倍和 1.02 倍，这些省份向包括河南、山西、内蒙古、河北在内的全国其他省份分别转嫁了 111.6 亿元、73.7 亿元、1.1 亿元大气污染完全治理成本。另外，内蒙古、山西、河北、河南等能源和重工业密集省份的消费端成本则要小于其生产端成本，两者比值分别为 0.4 倍、0.5 倍、0.6 倍和 0.6 倍，在区域间贸易中承担了包括北京、山东、天津在内的全国其他省份大气污染完全治理成本，分别为 141.3 亿元、134.7 亿元、79.4 亿元、90.8 亿元。

从污染物类型构成来看（图 6-2）。京津冀及周边区域内烟粉尘治理所需成本占比最高，其中河南、山西、河北均超过了 60%；北京仅为 36%，而 $NO_x$ 治理成本占比最高，达到了 42%。其原因在于北京现阶段传统工业较少，大气污染中以 $NO_x$ 治理为主（如机动车）。

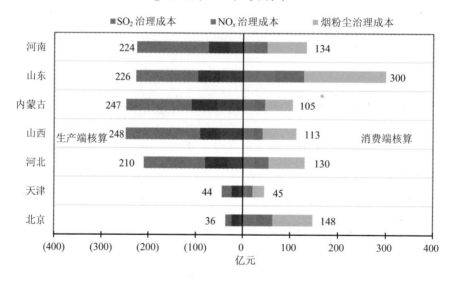

图 6-2　京津冀及周边区域不同类型大气污染完全治理成本核算比较分析

图 6-3 比较了泛京津冀各省市本地与外地治理成本的分担比例。从生产端来看，将本地治理大气污染成本分成为本地付出成本和为外省消费承担的成本。其中，内蒙古、山西作为煤炭大省，在"西电东输"过程中，

其 64%和 60%的大气污染完全治理成本用于外输电上；河南、河北作为重化工业大省，在为全国其他省份提供钢铁、水泥、平板玻璃等污染密集产品时，替外省分别承担了 56%和 49%的大气污染完全治理成本。从消费端来看，北京和天津本地消费所需的大气污染完全治理成本中 91%和 44%分别由其他省份所承担。而内蒙古、山西、河北等省份转嫁到其他省份的成本均不超过 20%。

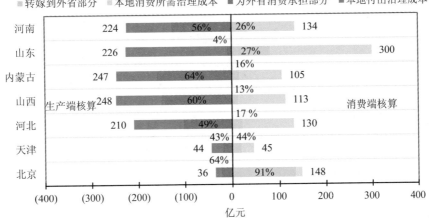

图 6-3　京津冀及周边区域本地和外地大气污染完全治理成本核算比较分析

　　图 6-4 比较了京津冀及周边区域各省市大气污染完全治理成本的行业构成。从生产端来看，京津冀及周边区域的钢铁、水泥、火电以及平板玻璃等污染密集产品的输出是导致大气污染完全治理成本增加的主要原因。其中，为全国建筑业提供产品所承担的大气污染完全治理成本约占河南、河北、山东总大气治理成本的 45%、35%和 34%。从消费端来看，7 省市消费的所有行业的产品中，约有 87%的大气污染完全治理成本集中于电力热力的生产与供应业（61%）、非金属矿物制品业（15%）和金属冶炼及压延加工业（11%）3 个行业中，上述行业也是大气污染最为严重的行业。

159

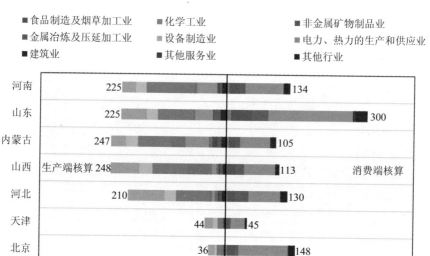

图 6-4　京津冀及周边区域不同行业大气污染完全治理成本核算比较分析

## 6.3.2　大气污染完全治理成本净转嫁

图 6-5 所示是京津冀及周边区域间贸易导致的大气污染完全治理成本净转嫁和 GDP 净转移。通过区域间贸易，人均 GDP 较低的能源密集型省份（河北、山西和内蒙古）间接为人均 GDP 较高的京津地区承担了大量的大气污染完全治理成本。2012 年，河北、山西和内蒙古 3 个省为其他 4 个省市承担的大气污染治理净成本高达 142.6 亿元，占 7 个省市间总的净转嫁成本的 85%。其中，山西间接为其他省市承担的大气污染治理净成本最高（66.9 亿元），约占山西省当年 GDP 增量的 11.82%。内蒙古和河北间接承担的其他省份大气污染完全治理成本分别为 50.33 亿元和 33.4 亿元，分别占其当年 GDP 增量的 4.86% 和 1.44%。北京是向区域内其他省市净转嫁大气污染完全治理成本最多的省市（113.8 亿元），为满足北京市的消费

而产生的大气污染完全治理成本中，约 91% 转嫁到其他地区（山西、内蒙古和河北）。另外，形成鲜明对比的是京津冀区域内 GDP 净流入最多的是经济最发达的北京，由于其产品附加值更高，通过商品输出从其他 6 省份获得了 2 487.3 亿元的 GDP，约占区域内所有 GDP 净转移的 34.5%，北京、河北、天津 3 个省份的 GDP 净流入占区域总量的 77%。然而，山西和内蒙古在区域贸易过程中，虽然承担了约 70% 的大气污染完全治理成本，但只获得了不到 20% 的 GDP 净流入。

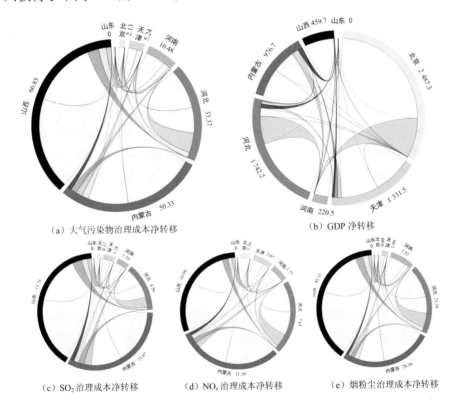

（a）大气污染物治理成本净转移　　　（b）GDP 净转移

（c）SO₂ 治理成本净转移　　　（d）NOₓ 治理成本净转移　　　（e）烟粉尘治理成本净转移

**图 6-5　京津冀及周边区域内大气污染完全治理成本净转移及 GDP 净转移（亿元）**

### 6.3.3 大气污染单位成本区域间不公平问题

表 6-2 是京津冀及周边区域各省市 CG 指数结果，表征省际贸易过程中经济收益与大气污染治理环境成本的关系。可以看出，北京、天津在与其他 5 省贸易过程中具有明显优势，贸易带来的经济收益要明显高于其承担的污染治理成本。CG 指数最大值发生在北京、天津与山西之间，CG 指数分别为 23.7 和 21.5，表明北京和天津与山西的贸易过程中，分别向山西转嫁了 32.2% 和 8.3% 的大气污染完全治理成本，而山西仅得到其 GDP 的 1.4% 和 0.4% 作为经济收益。另外，河北、内蒙古、山东、河南 4 省与山西的 CG 指数分别高达 6.7、2.5、7.6 和 5.0，表明山西在与其他 6 省市的贸易过程中均受到的环境不公平最严重。同样，内蒙古受到的不公平也十分明显，受到最大的环境不公平仍然来源于北京、天津。导致山西、内蒙古成为区域中受到环境不公平最严重的原因在于这两个省份为其他省市（尤其是北京、天津）输送了清洁的二次能源——电力，但我国由于火电价格的管制，环境治理成本并不能完全内化到电力价格中。

表 6-2 京津冀及周边区域 CG 指数比较

| 省市 | 指标 | 单位 | 北京 | 天津 | 河北 | 山西 | 内蒙古 | 山东 | 河南 | 合计 |
|---|---|---|---|---|---|---|---|---|---|---|
| 北京 | 治理成本 | % | 12.38 | 5.34 | 15.19 | 32.24 | 25.65 | 1.38 | 7.83 | 100 |
| | GDP | % | 79.81 | 6.38 | 5.27 | 1.36 | 3.12 | 1.26 | 2.80 | 100 |
| | CG 指数 | — | 0.16 | 0.84 | 2.88 | 23.69 | 8.22 | 1.09 | 2.79 | — |
| 天津 | 治理成本 | % | 6.34 | 66.09 | 6.96 | 8.29 | 7.84 | 0.66 | 3.81 | 100 |
| | GDP | % | 10.48 | 83.75 | 2.49 | 0.39 | 1.11 | 0.50 | 1.28 | 100 |
| | CG 指数 | — | 0.61 | 0.79 | 2.79 | 21.52 | 7.05 | 1.32 | 2.98 | — |
| 河北 | 治理成本 | % | 1.09 | 0.52 | 87.43 | 5.79 | 3.22 | 0.26 | 1.68 | 100 |
| | GDP | % | 7.16 | 1.14 | 87.94 | 0.86 | 0.76 | 0.35 | 1.78 | 100 |
| | CG 指数 | — | 0.15 | 0.46 | 0.99 | 6.73 | 4.22 | 0.75 | 0.94 | — |

| 省市 | 指标 | 单位 | 北京 | 天津 | 河北 | 山西 | 内蒙古 | 山东 | 河南 | 合计 |
|---|---|---|---|---|---|---|---|---|---|---|
| 山西 | 治理成本 | % | 0.31 | 0.23 | 2.80 | 92.22 | 3.12 | 0.21 | 1.12 | 100 |
| | GDP | % | 5.28 | 1.11 | 3.30 | 85.82 | 2.32 | 0.51 | 1.67 | 100 |
| | CG 指数 | — | 0.06 | 0.21 | 0.85 | 1.07 | 1.34 | 0.41 | 0.67 | — |
| 内蒙古 | 治理成本 | % | 0.52 | 0.47 | 1.78 | 1.89 | 93.71 | 0.16 | 1.47 | 100 |
| | GDP | % | 4.47 | 1.69 | 1.62 | 0.75 | 89.95 | 0.27 | 1.24 | 100 |
| | CG 指数 | — | 0.12 | 0.28 | 1.10 | 2.52 | 1.04 | 0.58 | 1.18 | |
| 山东 | 治理成本 | % | 1.30 | 0.83 | 3.51 | 8.87 | 5.49 | 79.03 | 0.96 | 100 |
| | GDP | % | 5.30 | 1.54 | 2.72 | 1.17 | 1.15 | 87.32 | 0.79 | 100 |
| | CG 指数 | — | 0.25 | 0.54 | 1.29 | 7.57 | 4.79 | 0.91 | 1.22 | |
| 河南 | 治理成本 | % | 0.74 | 0.52 | 8.03 | 2.62 | 3.21 | 0.38 | 84.49 | 100 |
| | GDP | % | 6.93 | 0.91 | 3.82 | 0.53 | 1.17 | 0.56 | 86.09 | 100 |
| | CG 指数 | — | 0.11 | 0.57 | 2.10 | 4.98 | 2.76 | 0.68 | 0.98 | — |

　　表 6-3 表征京津冀及周边区域各省市在区域间贸易中获得单位经济收益所承担的大气污染完全治理成本。山西在区域间贸易获得万元 GDP 收益所承担的治理成本最高，平均为 276.7 元/万元。其中，在与北京、天津贸易中承担的治理成本最高，分别达到 1 051.3 元/万元和 941.1 元/万元，即山西从北京和天津获得的经济收益中约有 1/10 用于治理其带来的额外大气污染；在与河北和山东贸易中需要使用约 1/20 的 GDP 作为治理大气污染的成本。此外，内蒙古在区域间贸易获得万元 GDP 所承担的大气污染完全治理成本也高达 140.9 元/万元，其中，在与北京、天津、河北、山东贸易所获得的 GDP 收益约有 1/30 用于治理大气污染。北京在贸易中承担的额外治理成本最低，平均仅为 8.8 元/万元，天津平均也仅为 35 元/万元，表明这两个直辖市销售到其他省份的产品均属于高附加值、低污染的产品。另外，从表 6-3 中各省份的交叉值（如北京—北京）可以看出，北京和天津 GDP 增加 1 万元需要增加大气污染完全治理成本仅为 6.9 元和

34.5 元，而河北、山西、内蒙古由于区域自身重工业和污染密集产业占比较大，GDP 增加 1 万元需要增加的大气污染完全治理成本分别高达 78.1 元/万元、193.9 元/万元和 112.4 元/万元。

表 6-3　京津冀及周边区域间万元 GDP 收益需承担大气污染完全治理成本　　单位：元/万元

| 省　市 | 基于消费核算 | | | | | | | 平均成本 |
|---|---|---|---|---|---|---|---|---|
| | 北京 | 天津 | 河北 | 山西 | 内蒙古 | 山东 | 河南 | |
| 北　京 | 6.9 | 26.5 | 11.9 | 10.6 | 12.5 | 16.6 | 6.7 | 8.8 |
| 天　津 | 37.1 | 34.5 | 35.9 | 37.1 | 29.9 | 36.1 | 35.5 | 35.0 |
| 河　北 | 128.0 | 122.1 | 78.1 | 153.1 | 118.8 | 86.9 | 131.9 | 86.2 |
| 山　西 | 1051.3 | 941.1 | 528.8 | 193.9 | 271.9 | 509.3 | 311.9 | 276.7 |
| 内蒙古 | 364.7 | 308.2 | 331.0 | 242.5 | 112.4 | 322.7 | 172.8 | 149.9 |
| 山　东 | 48.4 | 57.7 | 59.0 | 74.2 | 62.4 | 60.9 | 42.8 | 60.8 |
| 河　南 | 123.9 | 130.4 | 74.0 | 120.8 | 127.7 | 82.0 | 61.5 | 65.6 |

# 6.4　本章小结

## 6.4.1　主要结论

从大气完全治理成本来看，2012 年京津冀及周边区域生产端和消费端核算的大气污染完全治理成本分别为 1 234 亿元和 974 亿元，分别占全国生产端和消费端核算总量的 37% 和 29%，表明区域间贸易导致该区域为全国其他地区额外承担了 260 亿元的大气污染完全治理成本。在京津冀及周边区域内部，从生产端来看，山西、内蒙古需要承担的大气污染完全治理成本最高，分别是 248 亿元和 247 亿元；从消费端来看，完全治理山东消费带来的大气污染成本最高（300 亿元）。在京津冀及周边区域内，北京、天津以及山东等发达省市通过购买山西、内蒙古、河北、河南的污染密集型产品，将本该属于自身的大气污染完全治理成本转嫁到能源富集的落后省份。内蒙古、山西在"西电东输"过程中将超过 60%的大气污染完全治理成本用于外输电上；河南、河北在为其他省份提供钢铁、水泥、平板玻璃等污染密集产品时，也为其他省份承担了 56%和 49%的大气污染完全治理成本。

从区域间大气污染治理成本净转移与 GDP 净转移来看，通过区域间贸易，人均 GDP 较低的能源密集型省份（河北、山西和内蒙古）间接为人均 GDP 较高的京津地区承担了大量的大气污染完全治理成本。2012 年，河北、山西和内蒙古 3 省为其他 4 省市承担的大气污染治理净成本高达142.6 亿元，占 7 个省市间总的净转嫁成本的 85%。其中，山西间接为其他省市承担的大气污染治理净成本最高（66.9 亿元），约占山西省当年 GDP增量的 11.82%。北京是向区域内其他省市净转嫁大气污染完全治理成本最多的省市（113.8 亿元），约 91%转嫁到其他地区（山西、内蒙古和河北），却获得了区域内所有 GDP 净转移的 34.5%。然而，山西和内蒙古在区域贸易过程中，虽然承担了约 70%的大气污染完全治理成本，但只获得了不到20%的 GDP 净流入。

从环境不公平问题来看，山西、内蒙古在与京津冀及周边区域贸易过程中受到的环境不公平最严重，且受到最大的环境不公平仍然来源于北京、天津。山西在区域间贸易获得万元 GDP 收益所承担的治理成本最高。其中，在与北京、天津贸易中承担的治理成本最高，分别达到 1 051.3 元/万元和 941.1 元/万元，即山西从北京和天津获得的经济收益中约有 1/10 用于治理其带来的额外大气污染。导致山西、内蒙古在区域中受到环境不公平最严重的原因在于这两个省份为其他省市（尤其是北京、天津）输送了

清洁的二次能源——电力，但我国由于火电价格的管制，环境治理成本并不能完全内化到电力价格中。

### 6.4.2  政策建议

从短期来看，应建立和完善京津冀及周边区域基于大气污染完全治理成本的横向转移支付和补偿机制。基于本研究 CG 指数和万元 GDP 收益的治理成本结果，尝试建立省际间、行业间明确的"定向补偿机制"，如北京对山西的火电大气污染治理的定向转移等。另外，可以成立京津冀及周边区域的环境保护基金，由北京、天津、山东等发达省份注入资金，并引导社会资本，为山西、内蒙古、河南、河北等省份的大气污染治理提供资金保障。此外，可以尝试建立京津冀及周边区域的大气污染排污权交易市场，在大气污染排放总量控制的前提下，鼓励山西、河北、河南等省份积极减排，并将排放权交易给北京、天津等发达省份，间接实现发达省市向欠发达省市的经济补偿。

从中期来看，应尽快改进我国当前能源产品的价格机制。当前的能源价格中并没有包含污染治理的成本价格，考虑到部分能源价格受到国家行政部门的约束与限制，因此，能源输出大省难以将减排成本内部化到能源产品中，因此，应积极推进并加快落实石油、天然气、电力等领域的价格改革，构建反映市场供求、资源稀缺程度、体现自然环境价值的定价机制。

从长期来看，应切实转变京津冀及周边区域的产业结构和能源结构，实现整个区域的绿色发展。借京津冀协同发展战略以及雄安新区建设契机，北京、天津要发挥领头羊的作用，依托北京、天津高新技术产业，定向实现技术溢出，协助其他省份切实转变粗放的产业结构，培育战略新兴产业以及服务业，真正推动京津冀及周边区域协同发展。另外，京津冀及周边地区是我国煤炭消耗最多的区域，因此从长期来看，应逐渐调整能源利用结构，在减少火电的同时大力发展风电、光伏发电，适度发展核电。持续推进电和天然气替代民用散煤，进一步完善超低排放技术并在火电等行业加快应用，从而破解整个区域由于煤炭消耗引起的大气污染问题。

# 第7章　结论与展望

　　本书基于生态不平等交换理论和多区域投入产出模型，在编制了中国 2012 年 30 个省份 30 个行业的主要大气污染物（$SO_2$、$NO_x$ 和 PM）排放清单的基础上，分别从生产端和消费端测算了我国各省份出口和省际贸易导致的隐含于跨省产业链上的大气污染排放和经济收益，进而构建多种环境不公平指数表征贸易隐含的大气污染排放与经济收益的不对等关系，揭示由于出口贸易和省际贸易导致的环境负担与经济收益的不公平问题。另外，选取中国大气污染最为严重的京津冀及周边地区作为案例，深入分析了整个区域内大气污染治理成本与经济收益不匹配问题。研究主要成果可以为区域大气污染治理中的责任划分提供参考思路，为探索中国精准的跨省大气污染治理补偿和中央进行大气污染转移支付提供决策依据，为去除区域大气污染联防联控的利益不均障碍，实现区域共同治理大气污染提供参考借鉴。

## 7.1　主要结论

　　1）从省际贸易来看，APE 流出地主要为京津、长三角、珠三角等发达地区，而流入地主要为内蒙古、山西、河北、河南等资源能源富集的省

168

份。部分东部发达地区（如北京、天津、江苏、上海）将 APE 通过省际贸易转移到欠发达区域，但由于其自身具备发展的先发优势，在将污染转移出去的同时反而在贸易中获得额外的 GDP 净流入。而位于西部偏远省份或发达省份周边的省份在省际贸易过程中承接了发达地区的 APE 转移，但是由于经济处于后发劣势，在贸易过程中并没有或者足够的 GDP 补偿，反而流失了 GDP。上述环境不公平问题发生在发达地区与其相邻的欠发达地区，如江苏与安徽、北京与山西等，一定程度上证明了虹吸效应的存在。另外，我们还发现这种不公平同样发生在欠发达省份之间，如河北与山西。

2）从对外出口来看，在各省份对外出口过程中，京津和发达沿海地区获得的经济收益要明显大于其最终承担的大气污染排放，而其他欠发达地区获得的经济收益则要明显小于其最终承担的大气污染排放。例如，东部沿海地区获得了出口带来的 GDP 总额的 30%，但是其最终承担的 APE 排放仅为出口导致的总 APE 排放的 15%；西北地区最终仅获得中国出口带来的 GDP 收益总额的 6%，但是最终却要承担出口导致的 18% 的 APE 排放。东部沿海发达省份在参与其他沿海省份的出口产品过程中，每获得 1 元 GDP 所承担的环境成本最小，普遍低于 1g/元；其次是中部及东北区域的省份；比较高的是除四川外的西部省份，其中，宁夏在参与 6 个沿海省份的出口产品过程中每获得单位经济收益所承担的环境成本最高。例如，宁夏出口金属冶炼产品过程中获得了 GDP 收益的 48%，然而留在本地的 APE 排放为该行业产业链所有隐含 APE 排放的 77%。

3）针对京津冀及周边区域，北京、天津以及山东等发达省市通过购买山西、内蒙古、河北、河南的污染密集型产品，将本该属于自身的大气污染完全治理成本转嫁到能源富集的落后省份。内蒙古、山西在"西电东输"过程中将超过 60% 的大气污染完全治理成本用于外输电上；河南、河北在为其他省份提供钢铁、水泥、平板玻璃等污染密集产品时，也为其他省份承担了 56%和 49%的大气污染完全治理成本。在治理北京地区的产品消费所需的大气污染完全治理成本中，北京仅承担了 9%，而剩下的 91%由其他省份承担。然而，由于自身产业优势，北京、天津两个发达城市在将高附加值的电子、汽车、信息技术等产品销售到其他省份的过程中，获得了整个区域 53%的 GDP 净流入，山西和内蒙古虽承担了约 70%的大气污染完全治理成本，但只获得了不到 20%的 GDP 净流入。可以发现，北京、天津在与其他 5 省贸易过程中占据了优势地位，河北、山西、内蒙古则在整个区域处于劣势，遭受了环境不公平对待，山西遭受的环境不公平最为严重。

## 7.2  主要创新点

1）从环境角度分析中国区域分工协作中不公平问题是本书的第一个创新点。由于中国区域间巨大的资源禀赋和经济发展梯度差异，中国区域间存在分工与合作关系。然而，由于生态环境往往并没有体现到商品价值中，导致存在隐含于贸易中的大气污染排放。但既然是国内贸易分工，那么需要同时考虑贸易隐含污染转移和经济福利转移才能够正确评判贸易是否公平。

2）将 MRIO 模型应用于中国区域间环境不公平性的定量测度是本书的第二个创新。以往研究大多基于 MRIO 模型测算区域间贸易隐含的生态环境方面的转移。本研究同时基于 MRIO 模型测算了贸易隐含的经济收益转移，并构建指数量化表征经济收益与大气污染转移的不对等程度，相较于以往研究更加拓展了 MRIO 理论和模型的应用。

3）将三种大气污染物（$SO_2$、$NO_x$ 和 PM）转换为一种综合评价指标是本书的第三个创新点。本研究开展两个方面的尝试：一方面是基于每种污染物对环境质量和公众健康的影响程度，采用转换系数将三种主要大气污染物转换为一个新综合指标——大气污染当量（APE），从而能够全面反映一个地区大气污染排放情况；另一方面是借用绿色 GDP 核算的方法和系数，将大气污染排放转换为价值货币——大气污染完全治理成本。上述两项工作均可以将三种污染物指标转换为一种综合指标，从而有利于构建反映大气污染排放与经济收益的环境不公平指数。

## 7.3　研究不足与展望

### 7.3.1　研究不足

1）中国多区域投入产出模型有待进一步完善和优化。在数据年份上，虽然本书选取的多区域投入产出表是我们能获取的最新年份，但是相对于当前仍然不能及时反映我国当前经济与污染治理的最新情况，尤其是考虑到 2013 年开始实施的《大气污染防治行动计划》，现有研究结论一定程度上存在滞后的问题。

2）本研究所使用排放清单有待进一步完善。限于数据可得性，本研究编制的数据清单不含非道路交通源（如建筑设备、火车、飞机、轮船等）的大气污染物排放。另外，本研究仅选取了 $SO_2$、$NO_x$ 和 PM 3 种主要大气污染物，没有考虑如 VOCs 等其他大气污染物以及水污染物、固体废物，虽然现有研究结论已经可以较大程度上反映区域间贸易的不公平特征，但是仍存在一定偏差。

3）本研究所使用的大气污染完全治理成本包含实际治理成本和虚拟治理成本，其中虚拟治理成本基于行业平均水平，并未考虑边际成本递增。换言之，实际的虚拟成本要显著高于本研究的结果。主要大气污染物单位治理成本未凸显区域和行业差异。后期可以通过调研不同区域和行业各类型污染物的实际治理成本，以及现有大气污染超低排放治理的成本，来建立更加符合实际的单位治理成本系数。另外，本研究未考虑大气污染排放对人体健康以及生态系统的损害。

## 7.3.2 未来展望

1）进一步完善模型方法和数据。后续研究可以采用 RAS 校准方法将现有多区域投入产出表更新到 2016 年或 2017 年，进而提高 MRIO 模型的时效性。排放清单可以增加非道路交通源排放数据，也可增加 VOCs、氨气等其他大气污染物指标，从而更加全面地反映一个区域大气污染排放特征。另外，未来可基于绿色 GDP 核算理论进一步评估由于大气污染转移导致的健康损害成本和生态系统退化成本。

2）开展中国省份与其他国家的贸易不公平研究。考虑到中国庞大的经济体量，部分省份经济体量已经相当于部分国家整体经济体量。因此，将中国 30 个省份按照独立个体对待，将中国多区域投入产出表与全球多区域投入产出表进行嵌套（Feng et al.，2013；Zhang et al.，2014；Mi et al.，2017），从而分析各省份与其他国家由于进出口贸易导致的环境不公平问题，进而有利于提出省份层面的针对性政策。

3）探究中国区域间贸易隐含的环境不公平的内在驱动因素。可以采用因素分解模型（Structure Decomposition Analysis，SDA）分别测算不同年度期间（如 2002—2012 年）各省份贸易隐含大气污染和增加值转移的驱动因素，如经济增长、结构调整、末端治理以及技术进步等，从而深入了解导致某一个省份或区域环境不公平的主要影响因素和内在机理。

4）模拟分析相关政策和措施对解决区域间环境不公平问题的效果。可以构建多区域可计算一般均衡模型（Computable General Equilibrium，

CGE）模拟采取不同措施，如资源环境税、排放权交易、资源能源价格调整以及产业优化调整等政策，对上述环境不公平问题的效果，为国家相关政策和措施的制定和实施提供科学决策支持。

# 参考文献

[1]    Alex，H.（2014）. "How & Where iPhone Is Made: Comparison Of Apple's Manufacturing
       Process." http://comparecamp.com/how-where-iphone-is-made-comparison-of-apples-
       manufacturing-process/.

[2]    Andersson，J. O. and M. Lindroth（2001）. "Ecologically unsustainable trade." Ecological
       Economics 37（1）: 113-122.

[3]    Andrew，R. and V. Forgie（2008）. "A three-perspective view of greenhouse gas emission
       responsibilities in New Zealand." Ecological Economics 68（1–2）: 194-204.

[4]    Andrew，R. M. and G. P. Peters（2013）. "A multi-region input-output table based on the
       global trade analysis project database（GTAP-MRIO）." Economic Systems Research 25
       （1）: 99-121.

[5]    Atkinson，G.，K. Hamilton，G. Ruta, et al.（2011）. "Trade in 'virtual carbon': Empirical
       results and implications for policy." Global Environmental Change 21（2）: 563-574.

[6]    Bastianoni，S.，F. M. Pulselli and E. Tiezzi（2004）."The problem of assigning responsibility
       for greenhouse gas emissions." Ecological Economics 49（3）: 253-257.

[7]    BP company （2015）. BP Statistical Review of World Energy. London.

[8]    Cai，B.，X. Bo，L. Zhang，et al.（2016）. "Gearing carbon trading towards environmental
       co-benefits in China: Measurement model and policy implications." Global Environmental

174

Change 39: 275-284.

[9]  Cazcarro, I., R. Duarte and J. S. Choliz (2013). "Multiregional Input-Output Model for the Evaluation of Spanish Water Flows." Environmental Science & Technology 47 (21): 12275-12283.

[10]  Chakravarty, S., A. Chikkatur, C. H. De, et al. (2009). "Sharing global $CO_2$ emission reductions among one billion high emitters." Proceedings of the National Academy of Sciences of the United States of America 106 (29): 11884-11888.

[11]  Chan, C. K. and X. Yao (2008). "Air pollution in mega cities in China." Atmospheric Environment 42 (1): 1-42.

[12]  Chang, N. (2013). "Sharing responsibility for carbon dioxide emissions: A perspective on border tax adjustments." Energy Policy 59: 850-856.

[13]  Chen, L., J. Meng, S. Liang, et al. (2018). "Trade-induced atmospheric mercury deposition over China and implications for demand-side controls." Environmental Science & Technology.

[14]  Chen, Z., Y. Liu, P. Qin, et al. (2015). "Environmental externality of coal use in China: Welfare effect and tax regulation." Applied Energy 156: 16-31.

[15]  Chen, Z. M. and G. Q. Chen (2011). "Embodied carbon dioxide emission at supra-national scale: A coalition analysis for G7, BRIC, and the rest of the world." Energy Policy 39 (5): 2899-2909.

[16]  China National Environmental Monitoring Centre (2015). main cities air quality reports in 2014 Beijing, China National Environmental Monitoring Centre.

[17]  China Youth Daily. (2012). "Frequent environmental incidents of heavy metal pollution. http://zqb.cyol.com/html/2012-02/01/nw.D110000zgqnb_20120201_5-07.htm."

[18]  Ciplet, D. and J. T. Roberts (2017). "Splintering South: Ecologically Unequal Exchange Theory in a Fragmented Global Climate." Journal of World-Systems Research 23 (2):

175

372-398.

[19] Cole, M. A. (2004). "Trade, the pollution haven hypothesis and the environmental Kuznets-curve: examining the linkages." Ecological Economics 48（1）: 71-81.

[20] Cumberland, J. H. (1966). "A REGIONAL INTERINDUSTRY MODEL FOR ANALYSIS OF DEVELOPMENT OBJECTIVES." Papers of the Regional Science Association 17（1）: 65-94.

[21] Dandekar, V. M. (1980). "Unequal Exchange: Imperialism of Trade." Economic & Political Weekly 15（1）: 27-36.

[22] Davis, S. J. and K. Caldeira（2010）. "Consumption-based accounting of $CO_2$ emissions." Proceedings of the National Academy of Sciences of the United States of America 107（12）: 5687-5692.

[23] Davis, S. J., G. P. Peters and K. Caldeira（2011）. "The supply chain of $CO_2$ emissions." Proceedings of the National Academy of Sciences of the United States of America 108（45）: 18554-18559.

[24] Deng, G., X. Lei, G. Liu, et al.（2017）. "Embodied carbon emissions accounting, decomposition, and allocation of responsibilities in global trade: Based on the generalized hypothetical extraction method." Journal of Renewable and Sustainable Energy 9（6）.

[25] Deng, G. and Y. Xu (2017). "Accounting and structure decomposition analysis of embodied carbon trade: A global perspective." Energy 137: 140-151.

[26] Dietzenbacher, E., B. Los, R. Stehrer, et al. (2013). "THE CONSTRUCTION OF WORLD INPUT–OUTPUT TABLES IN THE WIOD PROJECT." Economic Systems Research 25（1）: 71-98.

[27] Dorninger, C. and A. Hornborg（2015）. "Can EEMRIO analyses establish the occurrence of ecologically unequal exchange？" Ecological Economics 119: 414-418.

[28] Editorial committee on First China Pollution Source Census（2011）. First China Pollution

Source Census technical report. Beijing，China Environmental Science Press.

[29] Eskeland，G. S. and A. E. Harrison（2003）."Moving to greener pastures？ Multinationals and the pollution haven hypothesis." Journal of Development Economics 70（1）：1-23.

[30] Falconi，F.，J. Ramos-Martin and P. Cango（2017）."Caloric unequal exchange in Latin America and the Caribbean." Ecological Economics 134：140-149.

[31] Feng，K.，S. J. Davis，L. Sun，et al.（2013）."Outsourcing $CO_2$ within China."Proceedings of the National Academy of Sciences of the United States of America（PNAS） 110（28）：11654-11659.

[32] Feng，K.，S. J. Davis，L. Sun，et al.（2013）."Outsourcing $CO_2$ within China."Proceedings of the National Academy of Sciences of the United States of America 110（28）：11654-11659.

[33] Feng，K.，K. Hubacek，L. Sun，et al.（2014）."Consumption-based $CO_2$ accounting of China's megacities：The case of Beijing，Tianjin，Shanghai and Chongqing." Ecological Indicators 47：26-31.

[34] Feng，K. S.，K. Hubacek，S. Pfister，et al.（2014）."Virtual scarce water in China." Environmental Science & Technology 48（14）：7704-7713.

[35] Feng，K. S.，Y. L. Siu，D. B. Guan，et al.（2012）."Assessing regional virtual water flows and water footprints in the Yellow River Basin，China：A consumption based approach." Applied Geography 32（2）：691-701.

[36] Ferng，J. J.（2003）."Allocating the responsibility of $CO_2$ over-emissions from the perspectives of benefit principle and ecological deficit." Ecological Economics 46（1）：121-141.

[37] Gallego，B. and M. Lenzen（2005）."A consistent input–output formulation of shared producer and consumer responsibility." Economic Systems Research 17（4）：365-391.

[38] Ge，C.，J. Chen，J. Wang，et al.（2009）."China's total emission control policy: a critical

review." Chinese Journal of Population, Resources and Environment 7 (2): 50-58.

[39] Gellert, P. K., R. S. Frey and H. F. Dahms (2017). "Introduction to Ecologically Unequal Exchange in Comparative Perspective." Journal of World-Systems Research 23 (2): 226-235.

[40] Grunewald, N., S. Klasen, I. Martínez-Zarzoso, et al. (2017). "The Trade-off Between Income Inequality and Carbon Dioxide Emissions." Ecological Economics 142: 249-256.

[41] Guan, D., X. Su, Q. Zhang, et al. (2014). "The socioeconomic drivers of China's primary $PM_{2.5}$ emissions." Environmental Research Letters 9 (2): 24010-24018.

[42] Guo, J. E., Z. K. Zhang and L. Meng (2012). "China's provincial $CO_2$ emissions embodied in international and interprovincial trade." Energy Policy 42: 486-497.

[43] Guo, S. and G. Q. Shen (2015). "Multiregional Input–Output Model for China's Farm Land and Water Use." Environmental Science & Technology 49 (1): 403-414.

[44] Hartwick, J. M. (1970). "Notes on the Isard and Chenery-Moses interregional input-ouput models." Journal of Regional Science 11 (1): 73-86.

[45] Herfet, T. and M. Ajmone Marsan (2012). "Temporal Trends and Spatial Variation Characteristics of Hazardous Air Pollutant Emission Inventory from Municipal Solid Waste Incineration in China." Environmental Science & Technology 46 (18): 10364.

[46] Hornborg, A. (1998). "Towards an ecological theory of unequal exchange: articulating world system theory and ecological economics." Ecological Economics 25 (1): 127-136.

[47] Hornborg, A. (2009). "Zero-Sum World Challenges in Conceptualizing Environmental Load Displacement and Ecologically Unequal Exchange in the World-System." International Journal of Comparative Sociology 50 (3-4): 237-262.

[48] Hornborg, A. (2014). "Ecological economics, Marxism, and technological progress: Some explorations of the conceptual foundations of theories of ecologically unequal exchange." Ecological Economics 105: 11-18.

178

[49] Hornborg，A.，J. Martinez-Alier（2016）．"Ecologically unequal exchange and ecological debt."Journal of Political Ecology 23：328-333.

[50] Hubacek，K.，G. Baiocchi，K. Feng，et al.（2017）．"Global carbon inequality."Energy Ecology & Environment（5488）：1-9.

[51] Hubacek，K.，G. Baiocchi，K. Feng，et al.（2017）．"Global carbon inequality."Energy，Ecology and Environment 2（6）：361-369.

[52] Hubacek，K.，G. Baiocchi，K. Feng，et al.（2017）．"Poverty eradication in a carbon constrained world."Nature Communications 8（1）：912.

[53] Hulme，M.（2017）. Intergovernmental Panel on Climate Change（IPCC），John Wiley & Sons，Ltd.

[54] Ichimura，S. and H. J. Wang（2003）．Interregional input-output analysis of the Chinese economy，World Scientific Pub. Co. Pte Ltd.

[55] Isard，W.（1969）．"Some notes on the linkage of the ecologic and economic systems."Papers of the Regional Science Association 22（1）：85-96.

[56] Jakob，M.，R. Marschinski（2012）．"Interpreting trade-related $CO_2$ emission transfers."Nature Climate Change 3：19.

[57] Jayadevappa，R.，S. Chhatre（2000）．"International trade and environmental quality：a survey."Ecological Economics 32（2）：175-194.

[58] Jiang，X.，Q. Zhang，H. Zhao，et al.（2015）."Revealing the Hidden Health Costs Embodied in Chinese Exports."Environmental Science & Technology 49（7）：4381-4388.

[59] Jorgenson，A. K.（2006）."Unequal Ecological Exchange and Environmental Degradation：A Theoretical Proposition and Cross-National Study of Deforestation，1990–2000*."Rural Sociology 71（4）：685-712.

[60] Jorgenson，A. K.（2009）．"The Sociology of Unequal Exchange in Ecological Context：A Panel Study of Lower-Income Countries，1975—2000."Sociological Forum 24（1）：22-46.

[61] Jorgenson，A. K.（2011）."Carbon Dioxide Emissions in Central and Eastern European Nations，1992—2005: A Test of Ecologically Unequal Exchange Theory."Human Ecology Review 18（2）: 105-114.

[62] Jorgenson，A. K.（2012）."The sociology of ecologically unequal exchange and carbon dioxide emissions，1960—2005." Social Science Research 41（2）: 242-252.

[63] Jorgenson，A. K.（2016）."The sociology of ecologically unequal exchange，foreign investment dependence and environmental load displacement: summary of the literature and implications for sustainability." Journal of Political Ecology 23: 334-349.

[64] Jorgenson，A. K.，B. Clark（2009）."Ecologically Unequal Exchange in Comparative Perspective A Brief Introduction." International Journal of Comparative Sociology 50（3-4）: 211-214.

[65] Jorgenson, A. K., C. Dick, K. Austin（2010）."The Vertical Flow of Primary Sector Exports and Deforestation in Less-Developed Countries: A Test of Ecologically Unequal Exchange Theory." Society & Natural Resources 23（9）: 888-897.

[66] Ju，Y.（2017）."Tracking the $PM_{2.5}$ inventories embodied in the trade among China，Japan and Korea." Journal of Economic Structures 6（1）: 27.

[67] Kanemoto，K.，D. Moran，M. Lenzen，et al.（2014）."International trade undermines national emission reduction targets : New evidence from air pollution. " Global Environmental Change 24: 52-59.

[68] Karl，T. R.，K. E. Trenberth（2003）."Modern global climate change."Science 302（5651）: 1719-1723.

[69] Karstensen，J.，G. P. Peters，R. M. Andrew（2015）."Allocation of global temperature change to consumers." Climatic Change 129（1）: 43-55.

[70] Klimont，Z.，S. J. Smith，J. Cofala（2013）."The last decade of global anthropogenic sulfur dioxide: 2000—2011 emissions." Environmental Research Letters 8（1）: 1880-1885.

[71] Lahr，M.，L. de Mesnard（2004）."Biproportional Techniques in Input-Output Analysis: Table Updating and Structural Analysis." Economic Systems Research 16（2）: 115-134.

[72] Lee，K. S.（1982）."A Generalized Input-Output Model of an Economy with Environmental Protection." Review of Economics and Statistics 64（3）: 466-473.

[73] Lenzen，M.（1998）."Primary energy and greenhouse gases embodied in Australian final consumption: an input–output analysis." Energy Policy 26（6）: 495-506.

[74] Lenzen，M.，K. Kanemoto，D. Moran，et al.（2012）."Mapping the structure of the world economy." Environmental Science & Technology 46（15）: 8374.

[75] Lenzen，M.，D. Moran，K. Kanemoto，et al.（2013）."BUILDING EORA: A GLOBAL MULTI-REGION INPUT–OUTPUT DATABASE AT HIGH COUNTRY AND SECTOR RESOLUTION." Economic Systems Research 25（1）: 20-49.

[76] Lenzen，M.，J. Murray，F. Sack，et al.（2007）."Shared producer and consumer responsibility: Theory and practice." Ecological Economics 61（1）: 27-42.

[77] Lenzen，M.，R. Wood，T. Wiedmann（2010）."Uncertainty analysis for multi-region input-output models: A case study of the UK's carbon footprint." Economic Systems Research 22（1）: 43-63.

[78] Leontief，W.（1974）."Environmental Repercussions and the Economic Structure: An Input-Output Approach: A Reply." Review of Economics and Statistics 56（1）: 109-110.

[79] Leontief，W. W.（1973）. National Income，Economic Structure，and Environmental Externalities，National Bureau of Economic Research，Inc.

[80] LGFNSP（Leading Group for the First Nationwide Survey of Polluters）（2008）. Handbook of the Emission Coefficient for Residential Source for the First Nationwide Survey of Polluters.

[81] Li，X.，Q. Zhang，Y. Zhang，et al.（2015）."Source contributions of urban $PM_{2.5}$ in the Beijing–Tianjin–Hebei region: Changes between 2006 and 2013 and relative impacts of

emissions and meteorology." Atmospheric Environment 123, Part A: 229-239.

[82] Li, Y. and M. Han (2018). "Embodied water demands, transfers and imbalance of China's mega-cities." Journal of Cleaner Production 172: 1336-1345.

[83] Liang, S., K. S. Stylianou, O. Jolliet, et al. (2017). "Consumption-based human health impacts of primary $PM_{2.5}$: The hidden burden of international trade." Journal of Cleaner Production 167: 133-139.

[84] Liang, S., Y. Wang, C. Zhang, et al. (2017). "Final production-based emissions of regions in China." Economic Systems Research: 1-19.

[85] Liang, S., C. Zhang, Y. Wang, et al. (2014). "Virtual atmospheric mercury emission network in China." Environmental Science & Technology 48 (5): 2807-2815.

[86] Lin, J., D. Pan, S. J. Davis, et al. (2014). "China's international trade and air pollution in the United States." Proceedings of the National Academy of Sciences of the United States of America 111 (5): 1736-1741.

[87] Lin, J., D. Tong, S. Davis, et al. (2016). "Global climate forcing of aerosols embodied in international trade." Nature Geosci 9 (10): 790-794.

[88] Lindner, S., Z. Liu, D. Guan, et al. (2013). "$CO_2$ emissions from China's power sector at the provincial level: Consumption versus production perspectives." Renewable and Sustainable Energy Reviews 19: 164-172.

[89] Liu, J., J. Diamond (2008). "Revolutionizing China's environmental protection." Science 319 (5859): 37-38.

[90] Liu, L.-C., Q.-M. Liang and Q. Wang (2015). "Accounting for China's regional carbon emissions in 2002 and 2007: production-based versus consumption-based principles." Journal of Cleaner Production 103: 384-392.

[91] Liu, Q., Q. Wang (2015). "Reexamine $SO_2$ emissions embodied in China's exports using multiregional input–output analysis." Ecological Economics 113: 39-50.

[92] Liu, Q., Q. Wang (2017). "Sources and flows of China's virtual $SO_2$ emission transfers embodied in interprovincial trade: A multiregional input–output analysis." Journal of Cleaner Production 161: 735-747.

[93] Liu, X., H. S. Jim, P. C. Y. Chow (2016). Demystifying the Global Supply Chain - A Smiling Curve Perspective, SSRN.

[94] Ma, J., Y. Chen, W. Wang, et al. (2010). "Strong air pollution causes widespread haze-clouds over China." Journal of Geophysical Research: Atmospheres 115 (D18): 311-319.

[95] Marques, A., J. Rodrigues, T. Domingos (2013). "International trade and the geographical separation between income and enabled carbon emissions." Ecological Economics 89: 162-169.

[96] Marques, A., J. Rodrigues, M. Lenzen, et al. (2012). "Income-based environmental responsibility." Ecological Economics 84: 57-65.

[97] Master, L. (2007). "Embodied Ecological Footprints in International Trade."

[98] Meng B, A. A. (2005). An Economic Derivation on Trade Coefficients under the Framework of Multi-regional I-O Analysis, Ide Discussion Papers.

[99] Meng, J., J. Liu, Y. Xu, et al. (2016). "Globalization and pollution: tele-connecting local primary $PM_{2.5}$ emissions to global consumption." Proceedings Mathematical Physical & Engineering Sciences 472 (2195).

[100] Meng, J., Z. Mi, H. Yang, et al. (2017). "The consumption-based black carbon emissions of China's megacities." Journal of Cleaner Production 161: 1275-1282.

[101] Mi, Z., J. Meng, D. Guan, et al. (2017). "Chinese $CO_2$ emission flows have reversed since the global financial crisis." Nature Communications 8 (1): 1712.

[102] Mi, Z., Y. Zhang, D. Guan, et al. (2016). "Consumption-based emission accounting for Chinese cities." Applied Energy 184: 1073-1081.

[103] Miller, R. E., P. D. Blair (2009). Input-output analysis: foundations and extensions,

Cambridge University Press.

[104] Ministry of Environmental Protection（MEP）（2016）. "The City Air Quality of China in 2015.http://www.mep.gov.cn/gkml/hbb/qt/201602/t20160204_329886.htm."

[105] Ministry of Environmental Protection of China（2012）. Annual Statistic Report on Environment in China 2012. Beijing，China Environmental Science Press.

[106] Ministry of Transport of China（2013）. China Transportation Statistical Yearbook 2013. Beijing，China Communication Press.

[107] Minx，J. C.，G. Baiocchi，G. P. Peters，et al.（2011）. "A 'carbonizing dragon'：China's fast growing $CO_2$ emissions revisited." Environmental Science & Technology 45（21）: 9144-9153.

[108] Minx，J. C.，T. Wiedmann，R. Wood，et al.（2009）. "INPUT-OUTPUT ANALYSIS AND CARBON FOOTPRINTING: AN OVERVIEW OF APPLICATIONS." Economic Systems Research 21（3）: 187-216.

[109] Moran，D.，K. Kanemoto（2016）. "Tracing global supply chains to air pollution hotspots." Environmental Research Letters 11（9）: 7.

[110] Moran，D. D.，M. Lenzen，K. Kanemoto，et al.（2013）. "Does ecologically unequal exchange occur？" Ecological Economics 89: 177-186.

[111] Muñoz，P.，K. W. Steininger（2010）. "Austria's $CO_2$ responsibility and the carbon content of its international trade." Ecological Economics 69（10）: 2003-2019.

[112] Munksgaard，J.，K. A. Pedersen（2001）. "$CO_2$ accounts for open economies: producer or consumer responsibility？" Energy Policy 29（4）: 327-334.

[113] Muradian，R.，M. O'Connor，J. Martinez-Alier（2002）. "Embodied pollution in trade: estimating the 'environmental load displacement' of industrialised countries." Ecological Economics 41（1）: 51-67.

[114] Nagashima，F.，S. Kagawa，S. Suh，et al.（2016）. "Identifying critical supply chain paths

and key sectors for mitigating primary carbonaceous $PM_{2.5}$ mortality in Asia." Economic Systems Research 29（1）：1-19.

[115] National Bureau of Statistics（2013）. China Energy Statistical Yearbook 2013. Beijing，China Statistics Press.

[116] National Bureau of Statistics（2013）. China Statistical Yearbook 2013. Beijing，China Statistics Press.

[117] National Bureau of Statistics（NBS）（2016）. China Statistical Yearbook 2015. Beijing，China，China Statistics Press.

[118] Noble，M. D.（2017）. "Chocolate and the Consumption of Forests: A Cross-National Examination of Ecologically Unequal Exchange in Cocoa Exports." Journal of World-Systems Research 23（2）：236-268.

[119] Okadera，T.，M. Watanabe，K. Q. Xu（2006）. "Analysis of water demand and water pollutant discharge using a regional input-output table: An application to the City of Chongqing，upstream of the Three Gorges Dam in China." Ecological Economics 58（2）：221-237.

[120] Oulu，M.（2015）. "The unequal exchange of Dutch cheese and Kenyan roses: Introducing and testing an LCA-based methodology for estimating ecologically unequal exchange." Ecological Economics 119：372-383.

[121] Oulu，M.（2016）. "Core tenets of the theory of ecologically unequal exchange." Journal of Political Ecology 23：446-466.

[122] Peters，G. P.（2007）. "Opportunities and challenges for environmental MRIO modelling: Illustrations with the GTAP database."

[123] Peters，G. P.（2008）. "From production-based to consumption-based national emission inventories." Ecological Economics 65（1）：13-23.

[124] Peters，G. P.（2010）. "Carbon footprints and embodied carbon at multiple scales." Current

Opinion in Environmental Sustainability 2（4）：245-250.

[125] Peters，G. P.，R. Andrew，J. Lennox（2011）."CONSTRUCTING AN ENVIRONMENTALLY-EXTENDED MULTI-REGIONAL INPUT-OUTPUT TABLE USING THE GTAP DATABASE." Economic Systems Research 23（2）：131-152.

[126] Peters，G. P.，S. J. Davis，R. Andrew（2012）."A synthesis of carbon in international trade." Biogeosciences（BG）& Discussions（BGD）.

[127] Peters，G. P.，E. G. Hertwich（2006）."Pollution embodied in trade: The Norwegian case." Global Environmental Change 16（4）：379-387.

[128] Peters，G. P.，E. G. Hertwich（2008）. "$CO_2$ Embodied in International Trade with Implications for Global Climate Policy." Environmental Science & Technology 42（5）：1401-1407.

[129] Peters，G. P.，J. C. Minx，C. L. Weber，et al.（2011）. "Growth in emission transfers via international trade from 1990 to 2008." Proceedings of the National Academy of Sciences of the United States of America 108（21）：8903-8908.

[130] Peters，G. P.，J. C. Minx，C. L. Weber，et al.（2011）. "Growth in emission transfers via international trade from 1990 to 2008." Proceedings of the National Academy of Sciences 108（21）：8903-8908.

[131] Prell，C.（2016）. "Wealth and pollution inequalities of global trade: A network and input-output approach." The Social Science Journal 53（1）：111-121.

[132] Prell，C.，K. Feng（2016）."The evolution of global trade and impacts on countries' carbon trade imbalances." Social Networks 46：87-100.

[133] Prell，C.，K. Feng，L. Sun，et al.（2014）."The Economic Gains and Environmental Losses of US Consumption: A World-Systems and Input-Output Approach." Social Forces 93（1）：405-428.

[134] Prell，C.，L. Sun（2015）. "Unequal carbon exchanges: understanding pollution embodied

in global trade." Environmental Sociology 1（4）: 256-267.

[135] Prell, C., L. Sun, K. Feng, et al.（2015）. "Inequalities in global trade: A cross-country comparison of trade network position, economic wealth, pollution and mortality." PloS One 10（12）: 131-136.

[136] Proops, J. L. R., M. Faber, G. Wagenhals（1993）. Reducing $CO_2$ Emissions: A Comparative Input–Output Study for Germany and the UK. Berlin, Springer.

[137] Pui, D. Y. H., S. C. Chen, Z. L. Zuo（2014）. "$PM_{2.5}$ in China: Measurements, sources, visibility and health effects, and mitigation." Particuology 13: 1-26.

[138] Qi, T. Y., N. Winchester, V. J. Karplus, et al.（2014）. "Will economic restructuring in China reduce trade-embodied $CO_2$ emissions? " Energy Economics 42: 204-212.

[139] Qi, Y., H. Li, T. Wu（2013）. "Interpreting China's carbon flows." Proceedings of the National Academy of Sciences of the United States of America 110（28）: 11221-11222.

[140] Qu, S., S. Liang, M. Konar, et al.（2017）. "Virtual Water Scarcity Risk to the Global Trade System." Environmental Science & Technology.

[141] Røpke, I.（2001）. "Ecological Unequal Exchange." Human Ecology Special Issue（10）.

[142] Rassweiler, A.（2009）. "iPhone 3G S Carries $178.96 BOM and Manufacturing Cost, iSuppli Teardown Reveals." Retrieved June, 2009, from https: //technology.ihs.com/ 389273/iphone-3g-s-carries-17896-bom-and-manufacturing-cost-isuppli-teardown-reveals.

[143] Rees, W. E.（1992）."Ecological footprints and appropriated carrying capacity: what urban economics leaves out." Focus 6（2）: 121-130.

[144] Reid, B.（2017）. "China's 'South-South' Trade: Unequal Exchange and Uneven and Combined Development."

[145] Revesz, R. L., P. H. Howard, K. Arrow, et al.（2014）."Global warming: Improve economic models of climate change." Nature 508（7495）: 173.

[146] Rice, J.（2007）."Ecological Unequal Exchange: Consumption, Equity, and Unsustainable

Structural Relationships within the Global Economy." International Journal of Comparative Sociology 48（1）：43-72.

[147] Rice, J.（2007）."Ecological Unequal Exchange: International Trade and Uneven Utilization of Environmental Space in the World System." Social Forces 85（3）：1369-1392.

[148] Rice，J.（2008）. "Material consumption and social well-being within the periphery of the world economy: An ecological analysis of maternal mortality." Social Science Research 37 （4）：1292-1309.

[149] Rice，J. C.（2006）. "Ecological Unequal Exchange: International Trade and Uneven Cross-national Social and Environmental Processes."

[150] Roberts，J. T.，B. C. Parks（2009）. "Ecologically Unequal Exchange，Ecological Debt，and Climate Justice The History and Implications of Three Related Ideas for a New Social Movement." International Journal of Comparative Sociology 50（3-4）：385-409.

[151] Rodrigues, J., T. Domingos（2008）."Consumer and producer environmental responsibility: Comparing two approaches." Ecological Economics 66（2）：533-546.

[152] Rodrigues，J., T. Domingos（2008）."Consumer and producer responsibility: Comments." Ecological Economics 66（2-3）：551.

[153] Schäfer，D.，C. Stahmer（1989）. "Input–Output Model for the Analysis of Environmental Protection Activities." Economic Systems Research 1（2）：203-228.

[154] Serrano，M.，E. Dietzenbacher（2010）. "Responsibility and trade emission balances: An evaluation of approaches." Ecological Economics 69（11）：2224-2232.

[155] Shetty，S. K.，C. J. Lin，D. G. Streets，et al.（2008）."Model estimate of mercury emission from natural sources in East Asia." Atmospheric Environment 42（37）：8674-8685.

[156] Shi，Y.，Y. F. Xia，B. H. Lu，et al.（2014）. "Emission inventory and trends of $NO_x$ for China，2000—2020." Journal of Zhejiang Universityence A 15（6）：454-464.

[157] Shrestha，R. M. and C. O. P. Marpaung（2002）."Supply and demand-side effects of power

sector planning with $CO_2$ mitigation constraints in a developing country." Energy 27 (3): 271-286.

[158] Singh, S. J., R. V. Ramanujam, S. J. Singh, et al. (2010). Exploring ecologically unequal exchange using land and labor appropriation: Trade in the Nicobar Islands, 1880-2001.

[159] Skelton, A., D. Guan, G. P. Peters, et al. (2011). "Mapping flows of embodied emissions in the global production system." Environmental Science and Technology 45 (24): 10516-10523.

[160] Smith, J., J. Bair, C. Schroering (2017). "Special Issue: Unequal Ecological Exchange Introduction." Journal of World-Systems Research 23 (2): 223-225.

[161] State Council of China. (2013). "National Air Pollution Control Action Plan. http://www.gov.cn/zwgk/2013-09/12/content_2486773.htm."

[162] State Development Planning Commission, Ministry of Finance, State Environmental Protection Administration, et al. (2003). Measures for Levy Standard on Pollutant Discharge Fee.

[163] Steen-Olsen, K., J. Weinzettel, G. Cranston, et al. (2012). "Carbon, Land, and Water Footprint Accounts for the European Union: Consumption, Production, and Displacements through International Trade." Environmental Science & Technology 46 (20): 10883-10891.

[164] Su, B. and B. W. Ang (2011). "Multi-region input-output analysis of $CO_2$ emissions embodied in trade: The feedback effects." Ecological Economics 71: 42-53.

[165] Su, S., B. Li, S. Cui, et al. (2011). "Sulfur dioxide emissions from combustion in china: from 1990 to 2007." Environmental Science & Technology 45 (19): 8403.

[166] Subak, S. (1995). "Methane embodied in the international trade of commodities: Implications for global emissions." Global Environmental Change 5 (5): 433-446.

[167] Takahashi, K., K. Nansai, S. Tohno, et al. (2014). "Production-based emissions, consumption-based emissions and consumption-based health impacts of $PM_{2.5}$

carbonaceous aerosols in Asia." Atmospheric Environment 97: 406-415.

[168] Tamura，H. and T. Ishida（1985）. "Environmental-economic models for total emission control of regional environmental pollution - input-output approach." Ecological Modelling 30（3-4）: 163-173.

[169] Tang, X., B. C. Mclellan，B. Zhang, et al.（2015）. "Trade-off analysis between embodied energy exports and employment creation in China." Journal of Cleaner Production 134: 310-319.

[170] The State Council of China（2015）. Integrated Reform Plan for Promoting Ecological Progress. http://www.gov.cn/guowuyuan/2015-09/21/content_2936327.htm. Beijing.

[171] The State Council of China（2015）. Opinions of the CPC Central Committee and the State Council on promoting the reform of the price mechanism.http://www.gov.cn/xinwen/ 2015-10/15/content_2947548.htm. Beijing.

[172] Thurston，G. D.，R. T. Burnett，M. C. Turner，et al.（2016）. "Ischemic Heart Disease Mortality and Long-Term Exposure to Source-Related Components of U.S. Fine Particle Air Pollution." Environmental Health Perspectives 124（6）: 785-794.

[173] Tian，H.，J. Hao，Y. Lu，et al.（2001）. "Inventories and distribution characteristics of $NO_x$ emissions in China." China Environmental Science 21（6）: 493-497.

[174] Timmer，M. P.，E. Dietzenbacher，B. Los，et al.（2015）. "An Illustrated User Guide to the World Input-Output Database: the Case of Global Automotive Production." Review of International Economics 23（3）: 575-605.

[175] Tiwaree，R. S. and H. Imura（1994）. "Input-output assessment of energy consumption and carbon dioxide emissioin in Asia." Environmental Systems Research 22: 376-382.

[176] Torras，M. and J. K. Boyce（1998）. "Income，inequality，and pollution: a reassessment of the environmental Kuznets Curve." Ecological Economics 25（2）: 147-160.

[177] Tukker，A.，A. de Koning，R. Wood，et al.（2013）. "EXIOPOL – Development and

illustrative anaylsis of a detailed global MREE SUT/IOT." Economic Systems Research 25
（1）: 50-70.

[178] Tukker，A.，E. Dietzenbacher（2013）. "Global multiregional input-output frameworks:
An introduction and outlook." Economic Systems Research 25（1）: 1-19.

[179] van Donkelaar，A.，R. V. Martin，M. Brauer，et al.（2010）. "Global estimates of ambient
fine particulate matter concentrations from satellite-based aerosol optical depth :
development and application." Environmental Health Perspectives 118（6）: 847-855.

[180] Wang，F.，B. Liu，B. Zhang（2017）. "Embodied environmental damage in interregional
trade: A MRIO-based assessment within China." Journal of Cleaner Production 140:
1236-1246.

[181] Wang，H.，J. Xu，M. Zhang，et al.（2014）. "A study of the meteorological causes of a
prolonged and severe haze episode in January 2013 over central-eastern China. "
Atmospheric Environment 98: 146-157.

[182] Wang，H.，Y. Zhang，H. Zhao，et al.（2017）. "Trade-driven relocation of air pollution
and health impacts in China." Nature Communications 8（1）: 738.

[183] Wang，J. N.，B. F. Cai，L. X. Zhang，et al.（2014）. "High Resolution Carbon Dioxide
Emission Gridded Data for China Derived from Point Sources." Environmental Science &
Technology 48（12）: 7085-7093.

[184] Wang，L. T.，Z. Wei，J. Yang，et al.（2014）. "The 2013 severe haze over southern Hebei，
China: model evaluation，source apportionment，and policy implications." Atmospheric
Chemistry and Physics 14（6）: 3151-3173.

[185] Wang，Z.，Y. Yang and B. Wang（2018）. "Carbon footprints and embodied $CO_2$ transfers
among provinces in China." Renewable and Sustainable Energy Reviews 82: 1068-1078.

[186] Warlenius，R.（2016）."Linking ecological debt and ecologically unequal exchange: stocks，
flows，and unequal sink appropriation." Journal of Political Ecology 23: 364-380.

[187] Weinzettel, J., K. Steen-Olsen, E. G. Hertwich, et al. (2014). "Ecological footprint of nations: Comparison of process analysis, and standard and hybrid multiregional input-output analysis." Ecological Economics 101: 115-126.

[188] Wiedmann, T. (2009). "A review of recent multi-region input-output models used for consumption-based emission and resource accounting." Ecological Economics 69 (2): 211-222.

[189] Wiedmann, T., M. Lenzen, K. Turner, et al. (2007). "Examining the global environmental impact of regional consumption activities - Part 2: Review of input–output models for the assessment of environmental impacts embodied in trade." Ecological Economics 61 (1): 15-26.

[190] Wiedmann, T. L., M.; Wood, R. (2008). Uncertainty Analysis of the UK-MRIO Model - Results from a Monte-Carlo Analysis of the UK Multi-Region Input-Output Model.

[191] Wiedmann, T. O., H. Schandl, M. Lenzen, et al. (2015). "The material footprint of nations." Proceedings of the National Academy of Sciences of the United States of America 112 (20): 6271-6276.

[192] Wilting, H. C. (2012). "Sensitivity and uncertainty analysis in MIRO modelling: Some empirical results with regard to the Dutch carbon footprint." Economic Systems Research 24 (2): 141-171.

[193] Wood, R., K. Stadler, T. Bulavskaya, et al. (2014). "Global Sustainability Accounting-Developing EXIOBASE for Multi-Regional Footprint Analysis." Sustainability 7 (1): 138-163.

[194] World Bank (2014). World Development Indicators 2014, World Bank Publications.

[195] World Steel Association (2014). Steel Statistical Yearbook 2014.

[196] World Trade Organization (WTO) (2017). World Trade Statistical Review 2017.

[197] Wu, L., Z. Zhong, C. Liu, et al. (2017). "Examining $PM_{2.5}$ Emissions Embodied in China's

Supply Chain Using a Multiregional Input-Output Analysis." Sustainability 9 (5): 727.

[198] Wyckoff, A. W., J. M. Roop (1994). "The Embodiment of Carbon in Imports of Manufactured Products - Implications for International Agreements on Greenhouse-Gas Emissions." Energy Policy 22 (3): 187-194.

[199] Wyckoff, A. W., J. M. Roop (1994). "The embodiment of carbon in imports of manufactured products: Implications for international agreements on greenhouse gas emissions." Energy Policy 22 (3): 187-194.

[200] Xia, Y., Y. Zhao, C. P. Nielsen (2016). "Benefits of China's efforts in gaseous pollutant control indicated by the bottom-up emissions and satellite observations 2000—2014." Atmospheric Environment 136: 43-53.

[201] Xiao, Y., J. Murray, M. Lenzen (2018). "International trade linked with disease burden from airborne particulate pollution." Resources, Conservation and Recycling 129: 1-11.

[202] Xinhua New.(2015)."China Focus: Smog prompts more Chinese northern regions to issue red alert". http://news.xinhuanet.com/english/2015-12/22/c_134942195.htm.

[203] Xue, W., J. Wang, H. Niu, et al. (2013). "Assessment of air quality improvement effect under the National Total Emission Control Program during the Twelfth National Five-Year Plan in China." Atmospheric Environment 68: 74-81.

[204] Yang, F., J. Tan, Q. Zhao, et al. (2011). "Characteristics of $PM_{2.5}$ speciation in representative megacities and across China." Atmospheric Chemistry & Physics 11 (11): 1025-1051.

[205] Yang, J., J. Wang (1998). Reforming and design of pollution levy system in China. Beijing, China, China Environmental Science Press.

[206] Yu, C., Z. Luo (2017). "What are China's real gains within global value chains? Measuring domestic value added in China's exports of manufactures." China Economic Review.

[207] Yu，Y.，K. Feng，K. Hubacek（2013）. "Tele-connecting local consumption to global land use." Global Environmental Change 23（5）：1178-1186.

[208] Yu，Y.，K. Feng，K. Hubacek（2014）. "China's unequal ecological exchange." Ecological Indicators 47：156-163.

[209] Zhang，C.，L. D. Anadon（2013）. "Life Cycle Water Use of Energy Production and Its Environmental Impacts in China." Environmental Science & Technology 47（24）：14459-14467.

[210] Zhang，C.，L. D. Anadon（2014）. "A multi-regional input–output analysis of domestic virtual water trade and provincial water footprint in China."Ecological Economics 100(0)：159-172.

[211] Zhang，C.，M. B. Beck，J. Chen（2013）. "Gauging the impact of global trade on China's local environmental burden." Journal of Cleaner Production 54：270-281.

[212] Zhang，C.，L. Zhong，S. Liang，et al.（2017）. "Virtual scarce water embodied in inter-provincial electricity transmission in China." Applied Energy 187：438-448.

[213] Zhang，J.，Y. Wang，B. Huang，et al.（2015）. "Spatial agglomeration and regional shift of pollution-intensive industries in China." Journal of Industrial Technological Economics（8）：3-11.

[214] Zhang，Q.，X. Jiang，D. Tong，et al.（2017）."Transboundary health impacts of transported global air pollution and international trade." Nature 543（7647）：705-709.

[215] Zhang，W.，J. Wang，B. Zhang，et al.（2015）."Can China Comply with Its 12th Five-Year Plan on Industrial Emissions Control：A Structural Decomposition Analysis." Environmental Science & Technology 49（8）：4816-4824.

[216] Zhang，Y.（2010）. "Supply-side structural effect on carbon emissions in China." Energy Economics 32（1）：186-193.

[217] Zhang，Y.（2015）."Provincial responsibility for carbon emissions in China under different

principles." Energy Policy 86: 142-153.

[218] Zhang, Y., Y. Liu, J. Li(2012)."The methodology and compilation of China Multi-regional Input-Output model." Statistical Research 29（5）: 3-9.

[219] Zhang, Y., S. Qi（2012）. China Multi-Regional Input-Output models in 2002 and 2007, China Statistics Press.

[220] Zhang, Y., H. Wang, S. Liang, et al.（2014）. "Temporal and spatial variations in consumption-based carbon dioxide emissions in China." Renewable and Sustainable Energy Reviews 40: 60-68.

[221] Zhang, Z., M. Shi, Z. Zhao(2015)."The compilation of China's interregional input-output model 2002." Economic Systems Research 27（2）: 238-256.

[222] Zhang, Z., H. Yang, M. Shi（2016）. "Spatial and sectoral characteristics of China's international and interregional virtual water flows – based on multi-regional input–output model." Economic Systems Research 28（3）: 362-382.

[223] Zhang, Z., Y. Zhao, B. Su, et al.（2017）. "Embodied carbon in China's foreign trade: An online SCI-E and SSCI based literature review." Renewable and Sustainable Energy Reviews 68: 492-510.

[224] Zhao, H., X. Li, Q. Zhang, et al.（2017）. "Effects of atmospheric transport and trade on air pollution mortality in China." Atmos. Chem. Phys. Discuss. 2017: 1-23.

[225] Zhao, H., Q. Zhang, S. Davis, et al.（2015）."Assessment of China's virtual air pollution transport embodied in trade by a consumption-based emission inventory." Atmospheric Chemistry and Physics 15（12）: 5443-5456.

[226] Zhao, H., Q. Zhang, S. Davis, et al.（2015）."Assessment of China's virtual air pollution transport embodied in trade by a consumption-based emission inventory." Atmospheric Chemistry and Physics 14: 5443-5456.

[227] Zhao, H., Q. Zhang, H. Huo, et al.（2016）. "Environment-economy tradeoff for

Beijing–Tianjin–Hebei's exports." Applied Energy 184：926-935.

[228] Zhao, Y., C. P. Nielsen, Y. Lei, et al.（2011）."Quantifying the uncertainties of a bottom-up emission inventory of anthropogenic atmospheric pollutants in China." Atmospheric Chemistry & Physics 11（5）：2295-2308.

[229] 曾静，廖晓兰，任玉芬，等（2010）."奥运期间北京 $PM_{2.5}$、$NO_x$、CO 的动态特征及影响因素."生态学报（22）：6227-6233.

[230] 柴发合，王淑兰，云雅如，等（2013）."贯彻《大气污染防治行动计划》力促环境空气质量改善."环境与可持续发展 38（6）：5-8.

[231] 陈焕盛，王自发，吴其重，等（2010）."亚运时段广州大气污染物来源数值模拟研究."环境科学学报（11）：2145-2153.

[232] 陈锡康，杨翠红（2011）.投入产出技术，科学出版社.

[233] 陈云波（2016）.京津冀地区典型大气污染物区域来源解析的数值模拟研究 硕士，中国环境科学研究院.

[234] 代迪尔（2013）.产业转移、环境规制与碳排放 博士，湖南大学.

[235] 丁宋涛，刘厚俊（2013）."垂直分工演变、价值链重构与"低端锁定"突破——基于全球价值链治理的视角."审计与经济研究 28（5）：105-112.

[236] 董战峰，袁增伟（2016）."《大气污染防治行动计划》实施的投融资需求及影响评估."中国环境管理 8（2）：47-51.

[237] 国家统计局课题组，林贤郁，李纲，等（2007）."中国区域经济非均衡发展分析."统计研究 24（5）：48-54.

[238] 国家统计局能源统计司（2013）.中国能源统计年鉴，中国统计出版社.

[239] 国务院（2013）.大气污染防治行动计划.

[240] 国务院.（2013）."关于印发大气污染防治行动计划的通知.http://www.gov.cn/zwgk/2013-09/12/content_2486773.htm."

[241] 黄嫣旻，魏海萍，段玉森，等（2013）."上海世博会环境空气质量状况和原因分析."

中国环境监测（5）：58-63.

[242] 江华（2007）. 世界体系理论研究：以沃勒斯坦为中心，上海三联书店.

[243] 姜玲，汪峰，张伟，等（2017）."基于贸易环境成本与经济受益权衡的省际大气污染治理投入公平研究——以泛京津冀区域为例." 城市发展研究（09）：72-80.

[244] 蒋洪强，牛坤玉，曹东（2009）."污染减排影响经济发展的投入产出模型及实证分析." 中国环境科学 29（12）：1327-1332.

[245] 蒋洪强，张伟，王明旭（2013）. 治污减排的经济效应分析. 北京，中国环境科学出版社.

[246] 靳乐山（1997）."环境污染的国际转移与城乡转移." 中国环境科学 17（4）：335-339.

[247] 雷明（1996）."资源—经济一体化核算研究（Ⅰ）——整体架构、连接帐户设计." 系统工程理论与实践 16（9）：42-50.

[248] 雷明（1996）."资源—经济一体化核算研究（Ⅱ）——指标形成." 系统工程理论与实践 16（10）：90-97.

[249] 雷明（1998）."资源—经济一体化核算研究（Ⅲ）——投入—占用—产出分析." 系统工程理论与实践 18（1）：22-31.

[250] 雷明（1998）."资源—经济一体化核算研究（Ⅳ）——应用案例分析." 系统工程理论与实践 18（10）：91-97.

[251] 雷宇，宁淼，孙亚梅（2014）."建立大气治理长效机制 留住'APEC 蓝'." 环境保护（24）：36-39.

[252] 李方一，刘卫东，唐志鹏（2013）."中国区域间隐含污染转移研究." 地理学报（6）：791-801.

[253] 李洁超（2015）. 基于 MRIO 模型的中国区域间碳关联研究，北京理工大学.

[254] 李立（1994）."试用投入产出法分析中国的能源消费和环境问题." 统计研究 11（5）：56-61.

[255] 李莉，刘慧，刘卫东，等（2008）."基于城市尺度的中国区域经济增长差异及其因

素分解."地理研究 27（5）：1048-1058.

[256] 李林红（2001）."昆明市环境保护投入产出表的多目标规划模型."昆明理工大学学报（自然科学版） 26：102-104.

[257] 李林红（2002）."滇池流域可持续发展投入产出系统动力学模型."系统工程理论与实践 22（8）：89-94.

[258] 李宁，丁四保，王荣成，等（2010）."我国实践区际生态补偿机制的困境与措施研究."人文地理（1）：77-80.

[259] 李善同（2010）. 2002 年中国地区扩展投入产出表：编制与应用. 北京，经济科学出版社.

[260] 李善同（2016）. 2007 年中国地区扩展投入产出表：编制与应用. 北京，经济科学出版社.

[261] 李杨（2006）."污染迁徙的中国路径."中国新闻周刊（04）：28-29.

[262] 李云燕，王立华，马靖宇，等（2017）."京津冀地区大气污染联防联控协同机制研究."环境保护（17）：45-50.

[263] 廖明球（2005）. 经济、资源、环境投入产出模型研究. 北京，首都经济贸易大学出版社.

[264] 林麟（2006）. 污染产业转移的影响因素分析. 北京，对外经济贸易大学.

[265] 刘广明（2007）."京津冀：区际生态补偿促进区域间协调."环境经济（12）：35-39.

[266] 刘红光，范晓梅（2014）."中国区域间隐含碳排放转移."生态学报（11）：3016-3024.

[267] 刘强，冈本信广（2002）."中国地区间投入产出模型的编制及其问题."统计研究（9）：58-64.

[268] 刘卫东，陈杰，唐志鹏，等（2012）. 中国 2007 年 30 省区市区域间投入产出表编制理论与实践. 北京，中国统计出版社.

[269] 刘卫东，唐志鹏，陈杰，等（2014）. 2010 年中国 30 省区市区域间投入产出表. 北京，中国统计出版社.

[270] 刘旭艳（2015）. 京津冀 $PM_{2.5}$ 区域传输模拟研究 博士，清华大学.

[271] 马国霞，於方，齐霁，等（2014）."基于绿色投入产出表的环境污染治理成本及影响模拟." 地理研究 33（12）：2335-2344.

[272] 倪红福，李善同，何建武（2012）."贸易隐含 $CO_2$ 测算及影响因素的结构分解分析." 环境科学研究（1）：103-108.

[273] 宁淼，孙亚梅，杨金田（2012）."国内外区域大气污染联防联控管理模式分析." 环境与可持续发展（5）：11-18.

[274] 庞军，高笑默，石媛昌，等（2017）."基于 MRIO 模型的中国省级区域碳足迹及碳转移研究." 环境科学学报（5）：2012-2020.

[275] 庞军，石媛昌，李梓瑄，等（2017）."基于 MRIO 模型的京津冀地区贸易隐含污染转移." 中国环境科学（8）：3190-3200.

[276] 庞军，石媛昌，谢希，等（2015）."基于 MRIO 模型的中美欧日贸易隐含碳特点对比分析." 气候变化研究进展（3）：212-219.

[277] 彭鑫（2015）. 不同空间尺度的中国区域经济差异研究，南京师范大学.

[278] 邱俊永，钟定胜，俞俏翠，等（2011）."基于基尼系数法的全球 $CO_2$ 排放公平性分析." 中国软科学（4）：14-21.

[279] 屈超，陈甜（2016）."中国 2030 年碳排放强度减排潜力测算." 中国人口·资源与环境（7）：62-69.

[280] 申伟宁，福元健志，张韩模（2016）."京津冀环境不平等的探讨与研究——工业烟（粉）尘排放量为例." 环境与可持续发展（6）：221-225.

[281] 申伟宁，张韩模，郑菊花（2016）."河北省区域环境不平等研究." 资源与产业（4）：60-68.

[282] 石敏俊，王妍，张卓颖，等（2012）."中国各省区碳足迹与碳排放空间转移." 地理学报 67（10）：1327-1338.

[283] 石敏俊，王妍，张卓颖，等（2012）."中国各省区碳足迹与碳排放空间转移." 地理

学报（10）：1327-1338.

[284] 石敏俊，张卓颖（2012）. 中国省区间投入产出模型与区际经济联系. 北京，科学出版社.

[285] 市村真一，王慧炯（2007）. 中国经济区域间投入产出表. 北京，化学工业出版社.

[286] 宋国平，周治，王浩绮，等（2005）."中国环境公平探讨." 科技与经济 18（3）：35-37.

[287] 苏昕，贺克斌，张强（2013）."中美贸易间隐含的大气污染物排放估算." 环境科学研究（9）：1022-1028.

[288] 孙才志，白天骄，韩琴（2016）."基于基尼系数的中国灰水足迹区域与结构均衡性分析." 自然资源学报（12）：2047-2059.

[289] 孙立成，程发新，李群（2014）."区域碳排放空间转移特征及其经济溢出效应." 中国人口.资源与环境（08）：17-23.

[290] 唐志鹏，等（2014）."出口对中国区域碳排放影响的空间效应测度——基于 1997—2007 年区域间投入产出表的实证分析." 地理学报 69（10）：1403-1413.

[291] 滕飞，何建坤，潘勋章，等（2010）."碳公平的测度：基于人均历史累计排放的碳基尼系数." 气候变化研究进展（6）：449-455.

[292] 田贺忠，郝吉明，陆永琪，等（2001）."中国氮氧化物排放清单及分布特征." 中国环境科学 21（6）：493-497.

[293] 王斌，乔丽霞（2017）."中国地区环境公平影响因素实证分析." 中国集体经济（04）：16-17.

[294] 王惠文，顾杰，黄文阳，等（2017）."京津冀地区大气严重污染的主要影响因素分析." 数学的实践与认识（20）：84-89.

[295] 王金南，逯元堂，周劲松，等（2006）."基于 GDP 的中国资源环境基尼系数分析." 中国环境科学 26（1）：111-115.

[296] 王金南，宁淼，孙亚梅（2012）."区域大气污染联防联控的理论与方法分析." 环境与可持续发展（05）：5-10.

[297] 王奇，陈小鹭，李菁（2008）．"以二氧化硫排放分析我国环境公平状况的定量评估及其影响因素."中国人口资源与环境 18（5）：118-122.

[298] 王晓琦，郎建垒，程水源，等（2016）．"京津冀及周边地区 $PM_{2.5}$ 传输规律研究."中国环境科学（11）：3211-3217.

[299] 王燕丽，薛文博，雷宇，等（2017）．"京津冀区域 $PM_{2.5}$ 污染相互输送特征."环境科学（12）：4897-4904.

[300] 王燕丽，薛文博，雷宇，等（2017）．"京津冀地区典型月 $O_3$ 污染输送特征."中国环境科学（10）：3684-3691.

[301] 吴乐英，钟章奇，刘昌新，等（2017）．"中国省区间贸易隐含 $PM_{2.5}$ 的测算及其空间转移特征."地理学报 72（2）：292-302.

[302] 武翠芳，姚志春，李玉文，等（2009）．"环境公平研究进展综述."地球科学进展（11）：1268-1274.

[303] 许宪春，李善同（2008）．中国区域投入产出表的编制及分析：1997 年，清华大学出版社.

[304] 薛伟（1996）．"经济活动中环境费用的投入产出分析."数学的实践与认识（4）：322-327.

[305] 薛文博，付飞，王金南，等（2014）．"中国 $PM_{2.5}$ 跨区域传输特征数值模拟研究."中国环境科学（6）：1361-1368.

[306] 闫云凤（2011）．中国对外贸易的隐含碳研究 博士，华东师范大学.

[307] 闫云凤（2014）．"消费碳排放责任与中国区域间碳转移——基于 MRIO 模型的评估."工业技术经济（8）：91-98.

[308] 闫云凤，赵忠秀，王苒（2013）．"基于 MRIO 模型的中国对外贸易隐含碳及排放责任研究."世界经济研究（6）：54-58，86，88-89.

[309] 严立冬，乔长涛，肖锐（2014）．"贸易结构与中国农业资源约束—— 一个理论假设的经验研究."中国人口·资源与环境（2）：82-87.

[310] 杨昌举，蒋腾，苗青（2006）．"关注西部：产业转移与污染转移."环境保护（08A）：

34-38.

[311] 杨英（2008）."我国东、西部地区污染密集产业转移比较研究."生态经济：学术版
（1）：285-288.

[312] 杨玉生（2004）."不平等交换和国际剥削——伊曼纽尔不平等交换理论评述."当代
经济研究（12）：17-22.

[313] 姚亮，刘晶茹，王如松，等（2013）."基于多区域投入产出（MRIO）的中国区域居
民消费碳足迹分析."环境科学学报（07）：2050-2058.

[314] 叶民强（2002）. 双赢策略与制度激励. 北京，社会科学文献出版社.

[315] 尹晶晶，杨德刚，霍金炜，等（2013）."新疆能源消费强度空间公平性分析及节能
潜力评估."资源科学（11）：2151-2157.

[316] 尹征，卢明华（2015）."京津冀地区城市间产业分工变化研究."经济地理 35（10）：
110-115.

[317] 於方，王金南，马国霞，等（2014）. 中国环境经济核算研究报告 2013.

[318] 于仲鸣（1987）."天津市环境经济投入产出表的编制与应用."数量经济技术经济研
究（10）：47-53.

[319] 张大伟，王小菊，刘保献，等（2015）."北京城区大气 $PM_{2.5}$ 主要化学组分及污染特
征."环境科学研究（8）：1186-1192.

[320] 张晗宇，郎建垒，温维，等（2017）."唐山 $PM_{2.5}$ 污染特征及区域传输的贡献."北京
工业大学学报（8）：1252-1262.

[321] 张伟，蒋洪强，王金南，等（2015）."'十一五'时期环保投入的宏观经济影响."中
国人口·资源与环境 25（1）：9-16.

[322] 张伟，王金南，蒋洪强，等（2015）."《大气污染防治行动计划》实施对经济与环境
的潜在影响."环境科学研究 28（1）：1-7.

[323] 张晓平（2009）."中国对外贸易产生的 $CO_2$ 排放区位转移分析."地理学报（02）：234-242.

[324] 张亚雄，刘宇，李继峰（2012）."中国区域间投入产出模型研制方法研究."统计研

究（5）：3-9.

[325] 张亚雄，齐舒畅（2012）. 2002、2007 年中国区域间投入产出表. 北京，中国统计出版社.

[326] 张亚雄，赵坤（2004）. 区域间投入产出模型：方法、编制与应用. 中国投入产出学会第六届年会暨学术研讨会论文集. 昆明：459-476.

[327] 张亚雄，赵坤（2006）. 区域间投入产出分析，社会科学文献出版社.

[328] 张亚雄，赵坤，陶丽萍（2001）. 中国地区间投入产出模型编制方法研究. 第五届中国投入产出学会年会会议论文集. 西宁：320-323.

[329] 张屹山（1985）. "环境经济联系的投入产出分析——兼谈安全生产费用与环境治理费用的确定." 吉林大学社会科学学报（6）：73-76.

[330] 张卓颖，石敏俊（2011）. "中国省区间产业内贸易与产业结构同构分析." 地理学报 66（6）：732-740.

[331] 赵慧卿（2014）. 共同环境责任视角下省际碳减排责任分摊研究 博士，天津财经大学.

[332] 赵晓明，冯德连（2007）. "中国外贸依存度的理论与实证研究." 对外经贸（3）：4-7.

[333] 赵忠秀，王苒，闫云凤（2013）. "贸易隐含碳与污染天堂假说——环境库兹涅茨曲线成因的再解释." 国际贸易问题（7）：93-101.

[334] 中华人民共和国环境保护部（2016）. 2015 中国环境状况公报.

[335] 钟茂初，闫文娟（2012）. "环境公平问题既有研究述评及研究框架思考." 中国人口·资源与环境（6）：1-6.

[336] 钟晓青，张万明，李萌萌（2008）. "基于生态容量的广东省资源环境基尼系数计算与分析——与张音波等商榷." 生态学报（9）：4486-4493.

[337] 周小谦（2003）. "我国'西电东送'的发展历史、规划和实施." 电网技术 27（5）：1-5.

[338] 庄渝平（2006）. "环境公平与社会和谐." 发展研究（5）：100-102.

# 附　录

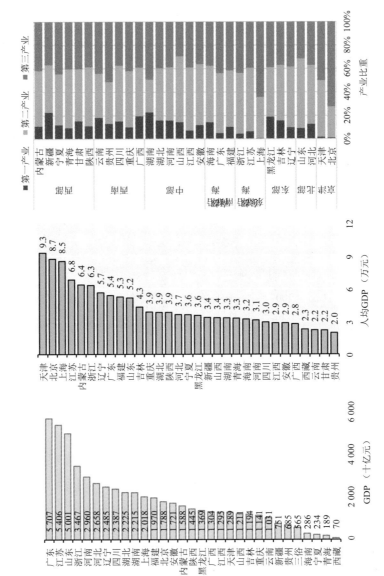

附图 1　中国 31 个省 2012 年 GDP 总量、人均 GDP 及三次产业结构

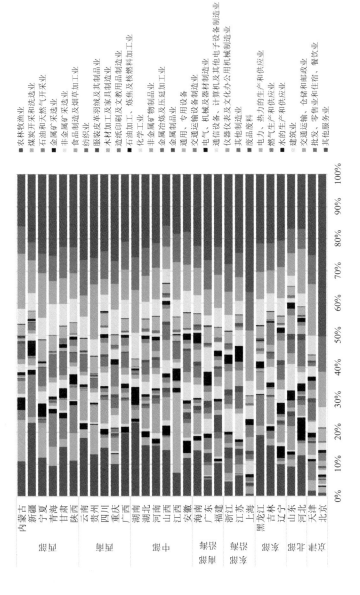

附图 2　中国 30 个省份 2012 年细化产业结构

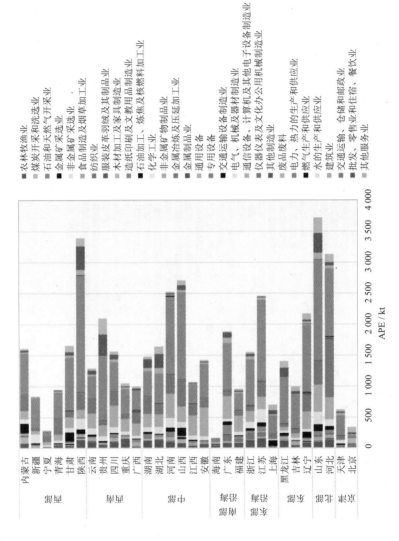

附图 3　中国各省市分行业污染排放特征

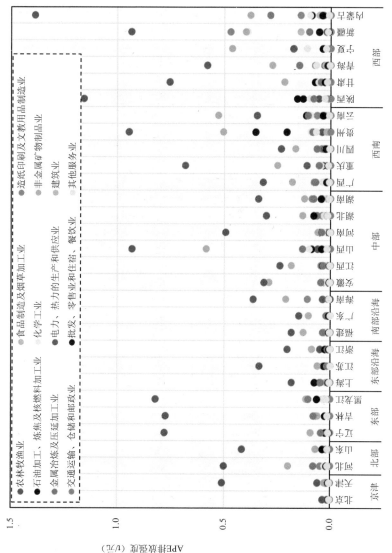

附图 4　中国各省市分行业 APE 排放强度比较

207

附表 1　中国 30 个省市及所属区域划分

| 序号 | 省市名称 | 省市名称（英文） | 英文简称 | 所属区域 | 所属区域（英文） |
|---|---|---|---|---|---|
| 1 | 北京 | Beijing | BJ | 京津 | Beijing-Tianjin |
| 2 | 天津 | Tianjin | TJ | | |
| 3 | 河北 | Hebei | HE | 北部 | North |
| 4 | 山东 | Shandong | SD | | |
| 5 | 辽宁 | Liaoning | LN | 东北 | NorthEast |
| 6 | 吉林 | Jilin | JL | | |
| 7 | 黑龙江 | Heilongjiang | HL | | |
| 8 | 上海 | Shanghai | SH | 东部沿海 | EastCoast |
| 9 | 江苏 | Jiangsu | JS | | |
| 10 | 浙江 | Zhejiang | ZJ | | |
| 11 | 福建 | Fujian | FJ | 南部沿海 | SouthCoast |
| 12 | 广东 | Guangdong | GD | | |
| 13 | 海南 | Hainan | HI | | |
| 14 | 安徽 | Anhui | AH | 中部 | Central |
| 15 | 山西 | Shanxi | SX | | |
| 16 | 江西 | Jiangxi | JX | | |
| 17 | 河南 | Henan | HA | | |
| 18 | 湖北 | Hubei | HB | | |
| 19 | 湖南 | Hunan | HN | | |
| 20 | 广西 | Guangxi | GX | 西南 | SouthWest |
| 21 | 重庆 | Chongqing | CQ | | |
| 22 | 四川 | Sichuan | SC | | |
| 23 | 贵州 | Guizhou | GZ | | |
| 24 | 云南 | Yunnan | YN | | |
| 25 | 内蒙古 | Inner Mongolia | NM | 西北 | NorthWest |
| 26 | 陕西 | Shaanxi | SN | | |
| 27 | 甘肃 | Gansu | GS | | |
| 28 | 青海 | Qinghai | QH | | |
| 29 | 宁夏 | Ningxia | NX | | |
| 30 | 新疆 | Xinjiang | XJ | | |

附表 2　中国 MRIO 表 30 个国民经济行业

| 序号 | 行业名称 | 行业名称（英文） | 英文简称 |
|---|---|---|---|
| 1 | 农林牧渔业 | Agriculture | Agriculture |
| 2 | 煤炭开采和洗选业 | Coal mining | Coal Mining |
| 3 | 石油和天然气开采业 | Mining of petroleum and natural gas | CrudeOilGas |
| 4 | 金属矿采选业 | Metal ores mining | MetalOre |
| 5 | 非金属矿采选业 | Non-metallic minerals mining | NonmetalOre |
| 6 | 食品制造及烟草加工业 | Production of food and tobacco | FoodTobacco |
| 7 | 纺织业 | Textiles | Textiles |
| 8 | 服装皮革羽绒及其制品业 | Wearing apparel，leather，fur，etc. | ClothingLeather |
| 9 | 木材加工及家具制造业 | Wood processing and furniture | WoodFurniture |
| 10 | 造纸印刷及文教用品制造业 | Papermaking，printing，stationery，etc. | PaperPrinting |
| 11 | 石油加工、炼焦及核燃料加工业 | Fossil fuel refining | PetrolCoking |
| 12 | 化学工业 | Chemical industry | Chemical |
| 13 | 非金属矿物制品业 | Production of non-metallic mineral products | NonmetalProducts |
| 14 | 金属冶炼及压延加工业 | Smelting and processing of metals | MetalSmelt |
| 15 | 金属制品业 | Metal products | MetalProducts |
| 16 | 通用设备 | General equipment | GeneralEquip |
| 17 | 专用设备 | special equipment | SpecialEquip |
| 18 | 交通运输设备制造业 | Transport equipment | TransportEquip |
| 19 | 电气、机械及器材制造业 | Electrical equipment | ElectricalEquip |
| 20 | 通信设备、计算机及其他电子设备制造业 | Electronic equipment | ElectronicEquip |
| 21 | 仪器仪表及文化办公用机械制造业 | Measuring instrument and meter | MeasureInstru |
| 22 | 其他制造业 | Other manufacturing products | OtherManuf |
| 23 | 废品废料 | Scrap and waste | ScrapWaste |
| 24 | 电力、热力的生产和供应业 | Electricity and heat power | ElectricHeatpower |
| 25 | 燃气生产和供应业 | Gas supply | GasSupply |
| 26 | 水的生产和供应业 | Water supply | WaterSupply |
| 27 | 建筑业 | Construction | Construction |
| 28 | 交通运输、仓储和邮政业 | Transport and warehousing | TranspWarehouse |
| 29 | 批发、零售业和住宿、餐饮业 | Wholesale，retail，hotels and catering | WholeRetailHotel |
| 30 | 其他服务业 | Other services | OtherServices |

附表 3　中国 2012 年各省出租车保有量及私家车相关数据

| 省市 | 保有量/辆 | | | 营运里程/万 km | |
|---|---|---|---|---|---|
| | 小型载客汽车 | 出租汽车 | 私家车 | 出租车 | 私家车 |
| 北京 | 4 370 203 | 66 646 | 4 303 557 | 585 056 | 9 334 845 |
| 天津 | 1 845 921 | 31 940 | 1 813 981 | 397 255 | 3 934 706 |
| 河北 | 5 182 929 | 66 585 | 5 116 344 | 684 763 | 11 097 862 |
| 山西 | 2 545 453 | 40 866 | 2 504 587 | 421 977 | 5 432 700 |
| 内蒙古 | 1 941 533 | 62 372 | 1 879 161 | 637 614 | 4 076 088 |
| 辽宁 | 2 994 587 | 90 401 | 2 904 186 | 1 197 766 | 6 299 470 |
| 吉林 | 1 567 466 | 68 838 | 1 498 628 | 740 525 | 3 250 674 |
| 黑龙江 | 1 817 784 | 97 095 | 1 720 689 | 881 039 | 3 732 347 |
| 上海 | 1 732 972 | 50 683 | 1 682 289 | 637 739 | 3 649 053 |
| 江苏 | 7 161 289 | 54 464 | 7 106 825 | 724 587 | 15 415 414 |
| 浙江 | 6 289 070 | 40 725 | 6 248 345 | 639 242 | 13 553 285 |
| 安徽 | 2 086 587 | 51 592 | 2 034 995 | 649 913 | 4 414 108 |
| 福建 | 2 142 955 | 20 783 | 2 122 172 | 306 395 | 4 603 203 |
| 江西 | 1 486 216 | 16 219 | 1 469 997 | 213 042 | 3 188 570 |
| 山东 | 7 734 598 | 68 690 | 7 665 908 | 885 915 | 16 628 121 |
| 河南 | 4 318 090 | 59 523 | 4 258 567 | 663 838 | 9 237 258 |
| 湖北 | 2 113 629 | 38 643 | 2 074 986 | 552 427 | 4 500 852 |
| 湖南 | 2 275 701 | 33 257 | 2 242 444 | 515 677 | 4 864 085 |
| 广东 | 8 175 766 | 64 386 | 8 111 380 | 989 249 | 17 594 394 |
| 广西 | 1 527 649 | 18 877 | 1 508 772 | 206 356 | 3 272 677 |
| 海南 | 395 257 | 5 252 | 390 005 | 77 992 | 845 960 |
| 重庆 | 1 230 804 | 19 108 | 1 211 696 | 306 187 | 2 628 290 |
| 四川 | 3 603 223 | 41 378 | 3 561 845 | 608 120 | 7 725 998 |
| 贵州 | 1 180 371 | 20 600 | 1 159 771 | 244 013 | 2 515 659 |
| 云南 | 2 301 737 | 27 318 | 2 274 419 | 243 706 | 4 933 442 |
| 陕西 | 2 216 454 | 33 974 | 2 182 480 | 469 987 | 4 734 017 |
| 甘肃 | 812 657 | 31 065 | 781 592 | 301 996 | 1 695 351 |
| 青海 | 335 720 | 12 178 | 323 542 | 115 722 | 701 795 |
| 宁夏 | 479 478 | 15 854 | 463 624 | 175 486 | 1 005 647 |
| 新疆 | 1 486 984 | 48 320 | 1 438 664 | 550 518 | 3 120 606 |

附表4　中国30个省份分行业APE排放清单　　　　　单位：Gg

| 区域 | 省份 | 农业 | 化工工业 | 非金属冶炼 | 金属冶炼 | 电力热力 | 交通运输及仓储 | 其他行业 | 居民生活 | 合计 |
|---|---|---|---|---|---|---|---|---|---|---|
| 京津 | 北京 | 14 | 12 | 4 | 2 | 40 | 75 | 274 | 64 | 484 |
| | 天津 | 22 | 63 | 8 | 64 | 349 | 52 | 154 | 23 | 735 |
| 北部 | 河北 | 134 | 121 | 374 | 1 000 | 1 145 | 506 | 516 | 185 | 3 981 |
| | 山东 | 98 | 222 | 462 | 397 | 1 723 | 400 | 1 007 | 304 | 4 613 |
| 东北 | 辽宁 | 84 | 52 | 305 | 285 | 1 174 | 239 | 400 | 133 | 2 670 |
| | 吉林 | 35 | 45 | 73 | 79 | 568 | 165 | 238 | 90 | 1 293 |
| | 黑龙江 | 116 | 49 | 62 | 46 | 815 | 251 | 397 | 271 | 2 008 |
| 东部沿海 | 上海 | 15 | 19 | 11 | 97 | 281 | 110 | 303 | 64 | 900 |
| | 江苏 | 153 | 233 | 207 | 248 | 1 351 | 317 | 380 | 50 | 2 937 |
| | 浙江 | 126 | 122 | 186 | 76 | 781 | 155 | 363 | 21 | 1 829 |
| 南部沿海 | 福建 | 76 | 66 | 267 | 92 | 274 | 96 | 215 | 27 | 1 114 |
| | 广东 | 76 | 53 | 394 | 84 | 820 | 466 | 611 | 46 | 2 550 |
| | 海南 | 38 | 2 | 33 | 0 | 56 | 28 | 39 | 2 | 199 |
| 中部 | 安徽 | 62 | 71 | 484 | 157 | 563 | 192 | 140 | 102 | 1 771 |
| | 山西 | 77 | 106 | 267 | 435 | 1 491 | 254 | 492 | 192 | 3 313 |
| | 江西 | 34 | 82 | 348 | 197 | 331 | 217 | 145 | 24 | 1 378 |
| | 河南 | 98 | 178 | 416 | 330 | 1 337 | 454 | 346 | 198 | 3 356 |
| | 湖北 | 134 | 126 | 217 | 178 | 513 | 171 | 550 | 114 | 2 003 |
| | 湖南 | 117 | 89 | 223 | 301 | 413 | 164 | 392 | 75 | 1 774 |
| 西南 | 广西 | 25 | 56 | 208 | 194 | 323 | 139 | 254 | 45 | 1 243 |
| | 重庆 | 151 | 67 | 224 | 84 | 444 | 98 | 165 | 67 | 1 300 |
| | 四川 | 98 | 110 | 373 | 240 | 509 | 200 | 340 | 90 | 1 961 |
| | 贵州 | 56 | 85 | 184 | 78 | 1 051 | 94 | 689 | 236 | 2 473 |
| | 云南 | 97 | 114 | 259 | 256 | 372 | 0 | 270 | 65 | 1 433 |
| 西北 | 内蒙古 | 132 | 188 | 150 | 292 | 1 969 | 230 | 786 | 241 | 3 989 |
| | 陕西 | 36 | 83 | 185 | 101 | 925 | 147 | 449 | 154 | 2 081 |
| | 甘肃 | 38 | 49 | 102 | 296 | 427 | 101 | 95 | 132 | 1 240 |
| | 青海 | 6 | 37 | 53 | 111 | 58 | 30 | 50 | 41 | 385 |
| | 宁夏 | 7 | 164 | 54 | 59 | 518 | 72 | 105 | 31 | 1 010 |
| | 新疆 | 76 | 80 | 138 | 292 | 677 | 296 | 413 | 144 | 2 116 |
| 合计 | | 2 227 | 2 742 | 6 271 | 6 074 | 21 297 | 5 719 | 10 581 | 3 229 | 58 141 |

附表 5　中国 30 个省份分行业 $SO_2$ 排放清单　　　　　单位：Gg

| 区域 | 省份 | 农业 | 化工工业 | 非金属冶炼 | 金属冶炼 | 电力热力 | 交通运输及仓储 | 其他行业 | 居民生活 | 合计 |
|---|---|---|---|---|---|---|---|---|---|---|
| 京津 | 北京 | 8 | 6 | 2 | 1 | 20 | 0 | 101 | 35 | 174 |
| | 天津 | 9 | 38 | 2 | 33 | 108 | 0 | 89 | 9 | 288 |
| 北部 | 河北 | 57 | 74 | 114 | 526 | 370 | 0 | 288 | 102 | 1 531 |
| | 山东 | 37 | 146 | 175 | 213 | 803 | 0 | 636 | 205 | 2 215 |
| 东北 | 辽宁 | 31 | 29 | 145 | 154 | 520 | 0 | 231 | 80 | 1 189 |
| | 吉林 | 13 | 26 | 13 | 56 | 209 | 0 | 107 | 51 | 475 |
| | 黑龙江 | 46 | 26 | 10 | 29 | 270 | 0 | 170 | 117 | 668 |
| 东部沿海 | 上海 | 6 | 11 | 5 | 35 | 68 | 0 | 186 | 35 | 346 |
| | 江苏 | 55 | 129 | 63 | 128 | 460 | 0 | 227 | 33 | 1 094 |
| | 浙江 | 41 | 86 | 46 | 50 | 280 | 0 | 225 | 15 | 741 |
| 南部沿海 | 福建 | 33 | 44 | 75 | 59 | 80 | 0 | 139 | 19 | 449 |
| | 广东 | 32 | 32 | 132 | 55 | 302 | 0 | 383 | 27 | 963 |
| | 海南 | 12 | 0 | 7 | 0 | 16 | 0 | 18 | 1 | 54 |
| 中部 | 安徽 | 26 | 43 | 166 | 85 | 140 | 0 | 72 | 49 | 580 |
| | 山西 | 42 | 43 | 92 | 246 | 666 | 0 | 244 | 107 | 1 440 |
| | 江西 | 12 | 56 | 162 | 144 | 128 | 0 | 84 | 16 | 603 |
| | 河南 | 47 | 114 | 166 | 215 | 454 | 0 | 222 | 146 | 1 364 |
| | 湖北 | 69 | 85 | 48 | 119 | 226 | 0 | 325 | 74 | 945 |
| | 湖南 | 83 | 61 | 76 | 224 | 128 | 0 | 248 | 52 | 870 |
| 西南 | 广西 | 10 | 43 | 47 | 125 | 148 | 0 | 148 | 33 | 553 |
| | 重庆 | 120 | 42 | 115 | 64 | 238 | 0 | 111 | 55 | 745 |
| | 四川 | 32 | 73 | 152 | 185 | 279 | 0 | 214 | 70 | 1 005 |
| | 贵州 | 45 | 65 | 77 | 54 | 595 | 0 | 472 | 204 | 1 512 |
| | 云南 | 73 | 78 | 79 | 194 | 182 | 0 | 174 | 50 | 828 |
| 西北 | 内蒙古 | 74 | 103 | 42 | 185 | 809 | 0 | 415 | 143 | 1 772 |
| | 陕西 | 15 | 52 | 51 | 70 | 406 | 0 | 282 | 97 | 974 |
| | 甘肃 | 20 | 31 | 31 | 234 | 156 | 0 | 55 | 92 | 620 |
| | 青海 | 2 | 19 | 11 | 62 | 29 | 0 | 28 | 25 | 176 |
| | 宁夏 | 3 | 88 | 17 | 37 | 186 | 0 | 72 | 22 | 426 |
| | 新疆 | 39 | 41 | 32 | 216 | 283 | 0 | 179 | 91 | 881 |
| 合计 | | 1 089 | 1 682 | 2 155 | 3 798 | 8 559 | 0 | 6 146 | 2 054 | 25 482 |

附 录

附表6　中国30个省份分行业NOₓ排放清单　　　　单位：Gg

| 区域 | 省份 | 农业 | 化工工业 | 非金属冶炼 | 金属冶炼 | 电力热力 | 交通运输及仓储 | 其他行业 | 居民生活 | 合计 |
|---|---|---|---|---|---|---|---|---|---|---|
| 京津 | 北京 | 3 | 4 | 1 | 1 | 15 | 70 | 127 | 12 | 232 |
| | 天津 | 11 | 19 | 4 | 22 | 214 | 47 | 42 | 4 | 363 |
| 北部 | 河北 | 63 | 31 | 164 | 240 | 687 | 459 | 109 | 18 | 1 772 |
| | 山东 | 53 | 51 | 213 | 114 | 777 | 360 | 179 | 32 | 1 780 |
| 东北 | 辽宁 | 47 | 12 | 97 | 76 | 490 | 215 | 104 | 16 | 1 057 |
| | 吉林 | 20 | 12 | 49 | 13 | 285 | 150 | 59 | 12 | 599 |
| | 黑龙江 | 56 | 14 | 35 | 9 | 377 | 228 | 107 | 44 | 869 |
| 东部沿海 | 上海 | 8 | 5 | 3 | 49 | 193 | 101 | 86 | 19 | 465 |
| | 江苏 | 87 | 76 | 109 | 77 | 788 | 289 | 99 | 7 | 1 531 |
| | 浙江 | 77 | 20 | 110 | 15 | 444 | 141 | 85 | 3 | 894 |
| 南部沿海 | 福建 | 36 | 12 | 139 | 13 | 175 | 87 | 46 | 2 | 512 |
| | 广东 | 37 | 15 | 201 | 20 | 458 | 423 | 157 | 11 | 1 322 |
| | 海南 | 24 | 1 | 23 | 0 | 36 | 25 | 18 | 0 | 127 |
| 中部 | 安徽 | 31 | 16 | 231 | 50 | 377 | 173 | 37 | 9 | 925 |
| | 山西 | 23 | 27 | 101 | 87 | 662 | 232 | 106 | 32 | 1 270 |
| | 江西 | 19 | 12 | 120 | 28 | 179 | 195 | 22 | 3 | 577 |
| | 河南 | 40 | 39 | 173 | 65 | 765 | 406 | 74 | 24 | 1 587 |
| | 湖北 | 49 | 21 | 112 | 41 | 246 | 156 | 96 | 12 | 733 |
| | 湖南 | 13 | 17 | 96 | 37 | 253 | 150 | 69 | 8 | 642 |
| 西南 | 广西 | 13 | 5 | 122 | 40 | 143 | 125 | 49 | 4 | 501 |
| | 重庆 | 12 | 16 | 81 | 11 | 156 | 90 | 25 | 5 | 394 |
| | 四川 | 60 | 21 | 174 | 28 | 188 | 184 | 75 | 10 | 740 |
| | 贵州 | 3 | 5 | 65 | 7 | 378 | 86 | 58 | 8 | 609 |
| | 云南 | 11 | 23 | 101 | 27 | 164 | 0 | 46 | 6 | 378 |
| 西北 | 内蒙古 | 36 | 46 | 72 | 69 | 912 | 207 | 144 | 26 | 1 511 |
| | 陕西 | 18 | 21 | 94 | 12 | 446 | 131 | 61 | 27 | 809 |
| | 甘肃 | 13 | 9 | 52 | 34 | 234 | 93 | 22 | 14 | 472 |
| | 青海 | 3 | 12 | 20 | 30 | 22 | 27 | 10 | 6 | 130 |
| | 宁夏 | 4 | 52 | 24 | 4 | 287 | 65 | 18 | 3 | 456 |
| | 新疆 | 29 | 29 | 70 | 41 | 290 | 272 | 92 | 16 | 838 |
| 合计 | | 897 | 644 | 2 856 | 1 259 | 10 640 | 5 185 | 2 221 | 393 | 24 096 |

213

附表 7　中国 30 个省份分行业 PM 排放清单　　　　　单位：Gg

| 区域 | 省份 | 农业 | 化工工业 | 非金属冶炼 | 金属冶炼 | 电力热力 | 交通运输及仓储 | 其他行业 | 居民生活 | 合计 |
|------|------|------|----------|------------|----------|----------|----------------|----------|----------|------|
| 京津 | 北京 | 4 | 2 | 1 | 0 | 8 | 4 | 76 | 32 | 127 |
| | 天津 | 2 | 6 | 4 | 18 | 24 | 7 | 36 | 18 | 115 |
| 北部 | 河北 | 16 | 30 | 222 | 597 | 69 | 49 | 255 | 126 | 1 364 |
| | 山东 | 7 | 38 | 144 | 261 | 132 | 45 | 334 | 120 | 1 081 |
| 东北 | 辽宁 | 4 | 20 | 144 | 73 | 239 | 26 | 128 | 70 | 704 |
| | 吉林 | 3 | 11 | 25 | 131 | 105 | 16 | 139 | 51 | 482 |
| | 黑龙江 | 20 | 15 | 45 | 18 | 292 | 24 | 241 | 223 | 880 |
| 东部沿海 | 上海 | 1 | 5 | 8 | 19 | 12 | 8 | 38 | 16 | 106 |
| | 江苏 | 8 | 40 | 71 | 27 | 82 | 27 | 106 | 19 | 379 |
| | 浙江 | 3 | 27 | 62 | 101 | 43 | 16 | 91 | 4 | 346 |
| 南部沿海 | 福建 | 7 | 17 | 109 | 26 | 13 | 9 | 52 | 9 | 242 |
| | 广东 | 7 | 10 | 114 | 46 | 43 | 47 | 105 | 13 | 384 |
| | 海南 | 1 | 0 | 4 | 54 | 3 | 4 | 4 | 2 | 72 |
| 中部 | 安徽 | 6 | 23 | 194 | 44 | 41 | 21 | 65 | 87 | 480 |
| | 山西 | 18 | 70 | 167 | 152 | 217 | 21 | 357 | 100 | 1 103 |
| | 江西 | 2 | 31 | 130 | 99 | 19 | 25 | 100 | 9 | 414 |
| | 河南 | 13 | 40 | 169 | 34 | 116 | 58 | 87 | 41 | 559 |
| | 湖北 | 22 | 35 | 131 | 80 | 34 | 15 | 245 | 52 | 613 |
| | 湖南 | 36 | 17 | 120 | 13 | 27 | 14 | 135 | 27 | 389 |
| 西南 | 广西 | 1 | 14 | 79 | 57 | 36 | 16 | 107 | 14 | 325 |
| | 重庆 | 29 | 16 | 51 | 0 | 62 | 7 | 50 | 9 | 223 |
| | 四川 | 3 | 27 | 81 | 18 | 38 | 15 | 90 | 12 | 284 |
| | 贵州 | 12 | 27 | 91 | 52 | 59 | 9 | 293 | 28 | 571 |
| | 云南 | 18 | 19 | 185 | 45 | 16 | 0 | 100 | 15 | 397 |
| 西北 | 内蒙古 | 36 | 92 | 73 | 76 | 345 | 27 | 454 | 136 | 1 240 |
| | 陕西 | 3 | 14 | 94 | 48 | 62 | 20 | 257 | 54 | 552 |
| | 甘肃 | 5 | 20 | 39 | 47 | 34 | 7 | 34 | 43 | 230 |
| | 青海 | 0 | 11 | 58 | 46 | 9 | 3 | 24 | 20 | 171 |
| | 宁夏 | 1 | 40 | 28 | 57 | 44 | 8 | 23 | 9 | 209 |
| | 新疆 | 10 | 15 | 85 | 62 | 162 | 22 | 304 | 68 | 728 |
| 合计 | | 297 | 733 | 2 727 | 2 301 | 2 387 | 569 | 4 327 | 1 426 | 14 768 |